Kaum ein Werk der neueren Zeit bietet dem Übersetzer derartige Schwierigkeiten wie die *Pensées* des Blaise Pascal, die erstmals 1669 erschienen. Sie sind kein fertiges Buch, sondern eine Zusammenstellung von Notizen und Entwürfen für eine geplante »Apologie des Christentums«. Neben ausgearbeiteten Teilabhandlungen finden sich rasch festgehaltene, oft nur aus Stichworten bestehende Gedanken, deren Sinn zum Teil bis heute noch nicht eindeutig festgestellt ist. Die *Pensées* sind daher selbst für den französischen Leser keine einfache Lektüre. Die vorliegende Auswahl will dem deutschen Leser die Mühe des eindringlichen Studiums nicht ersparen. Sie ist bestrebt, das Unausgearbeitete, nicht Durchgefeilte dieser Fragmente, ihren Charakter als Notizen, auch in der Übersetzung zum Ausdruck zu bringen. Der Übersetzung lag die Ausgabe der *Pensées* von Léon Brunschvicg zugrunde, die 1904 in Paris erschien. Der Gesamttitel »Größe und Elend des Menschen« kennzeichnet den besonderen Gesichtspunkt, unter dem die Auswahl vorgenommen wurde: das Bild des Menschen, wie es Pascal entwarf. Im Rahmen dieses Titels wurde zwar keine Lückenlosigkeit der dargebotenen Fragmente angestrebt, der Herausgeber hat sich aber bemüht, Pascals Gedanken zu diesem Thema in der durch den verfügbaren Raum eingeschränkten Vollständigkeit zu bringen.

insel taschenbuch 441

Pascal

Größe und Elend des Menschen

BLAISE PASCAL
GRÖSSE UND ELEND DES MENSCHEN

AUS DEN »PENSÉES«

AUSWAHL, ÜBERSETZUNG UND NACHWORT VON WILHELM WEISCHEDEL

INSEL VERLAG

insel taschenbuch 441
1. Auflage 1979

Nachdruck der Ausgabe Stuttgart 1949
Vertrieb durch den Suhrkamp Taschenbuch Verlag
Umschlag nach Entwürfen von Willy Fleckhaus
Typographie: Max Bartholl
Satz: LibroSatz, Kriftel
Druck: Nomos Verlagsgesellschaft, Baden-Baden
Printed in Germany

Inhalt

VORBEMERKUNG

Kaum ein Werk der neueren Zeit bietet dem Übersetzer derartige Schwierigkeiten, wie die »Pensées« des Blaise Pascal (erstmalig erschienen 1669). Sie sind kein fertiges Buch, sondern eine Zusammenstellung von Notizen und Entwürfen für eine geplante »Apologie des Christentums«. Neben ausgearbeiteten Teilbehandlungen finden sich rasch festgehaltene, oft nur aus Stichworten bestehende Gedanken, deren Sinn zum Teil bis heute noch nicht eindeutig festgestellt ist. Die »Pensées« sind daher selbst für den französischen Leser keine einfache Lektüre.

Die vorliegende Auswahl will dem deutschen Leser die Mühe des eindringlichen Studiums nicht ersparen. Sie ist bestrebt, das Unausgearbeitete, nicht Durchgefeilte dieser Fragmente, ihren Charakter als Notizen, auch in der Übersetzung zum Ausdruck zu bringen; sie scheut daher vor gelegentlichen sprachlichen Härten nicht zurück. Einige Hinweise zum Verständnis bieten die Anmerkungen.

Der Übersetzung lag die Ausgabe der »Pensées« von Léon Brunschvicg zugrunde (Paris 1904). Die eingeklammerten Zahlen am Ende der Ab-

schnitte geben die Nummern der Fragmente in dieser Ausgabe wieder.
Die erhaltenen Notizblätter waren von den ersten Herausgebern, den Freunden Pascals, nach eigenen Gesichtspunkten angeordnet worden; auch die von Brunschvicg angenommene Reihenfolge geht nicht auf Pascal selber zurück, sondern stellt den Versuch einer Rekonstruktion dar. Die veränderte Anordnung und die Kapitelüberschriften der vorliegenden Auswahl stammen vom Herausgeber.
Der Gesamttitel, »Größe und Elend des Menschen«, kennzeichnet den besonderen Gesichtspunkt, unter dem die Auswahl vorgenommen wurde: das Bild des Menschen, wie es Pascal entwarf. Im Rahmen dieses Titels wurde zwar keine Lückenlosigkeit der dargebotenen Fragmente angestrebt, der Herausgeber hat sich aber bemüht, Pascals Gedanken zu diesem Thema in der durch den verfügbaren Raum eingeschränkten Vollständigkeit zu bringen.

VON DER GRÖSSE DES DENKENS

Denken macht die Größe des Menschen. (316)

Der Mensch ist nur ein Schilfrohr, das Schwächste der Natur; aber er ist ein denkendes Schilfrohr. Es ist nicht nötig, daß das ganze All sich waffne, ihn zu zermalmen: ein Dampf, ein Wassertropfen reichen hin, ihn zu töten. Aber wenn das All ihn zermalmte, so wäre der Mensch noch edler als das, was ihn tötet, weil er weiß, daß er stirbt, und die Überlegenheit kennt, die das All über ihn hat; das All weiß nichts davon.
All unsere Würde besteht also im Denken. Von da muß unsere Erhebung ausgehen, nicht vom

Raum und von der Zeit, die wir doch nicht auszufüllen wüßten. Arbeiten wir also daran, richtig zu denken: das ist das Prinzip der Moral. (347)

DENKEN. – Die ganze Würde des Menschen liegt im Denken. Aber was ist dieses Denken? Wie dumm ist es!
Das Denken ist also seiner Natur nach etwas Bewundernswertes und Unvergleichliches. Es müßte seltsame Mängel haben, um verächtlich zu sein; aber es hat derartige, daß nichts lächerlicher ist. Wie groß ist es durch seine Natur! Wie niedrig ist es durch seine Mängel! (365)

Der Mensch ist sichtlich geschaffen, um zu denken; darin besteht all seine Würde; und all sein Verdienst und all seine Pflicht ist es, zu denken, wie es sich gehört. Nun liegt es in der Ordnung des Denkens, daß man bei sich selbst beginne, sowohl bei seinem Urheber wie bei seinem Ende. Woran denkt nun die Welt? Niemals hieran, sondern daran, zu tanzen, die Laute zu schlagen, zu singen, Verse zu machen, Ringe zu stechen usw., sich zu schlagen, König zu werden, ohne zu bedenken, was es heißt, König zu sein und Mensch zu sein. (146)

VON DER ZERSTREUUNG UND VON DER LANGEWEILE

ZERSTREUUNG. – Wenn ich mich mitunter daran gemacht habe, die vielfältige Geschäftigkeit der Menschen zu betrachten, die Gefahren und Mühsale, denen sie sich aussetzen, bei Hofe, im Kriege, woraus so viel Händel erwachsen, so viel Leidenschaften, so viel verwegene und oft schlimme Unternehmungen usw., habe ich entdeckt, daß alles Unglück der Menschen von einem Einzigen herkommt: daß sie es nämlich nicht verstehen, in Ruhe in einem Zimmer zu bleiben. Wenn ein Mensch, der genug zum Leben besitzt, mit Freuden zu Hause zu bleiben vermöchte, würde er nicht hinausgehen, um über das Meer zu fahren oder eine Festung zu belagern. Man wird einen Rang im Heer nur darum so teuer kaufen, weil man es unerträglich fände, sich nicht aus der Stadt zu rühren; und man sucht nur darum die Unterhaltungen und die Zerstreuungen der Spiele, weil man nicht mit Freuden zu Hause zu bleiben vermag.

Aber als ich das näher bedachte, und nachdem ich die Ursache all unseres Unglücks gefunden hatte, wollte ich den Grund davon entdecken, und ich fand, daß es einen sehr wirklichen dafür gibt; er besteht in dem natürlichen Unglück unserer schwachen und sterblichen Verfassung[1], die so erbärmlich ist, daß nichts uns trösten kann, wenn wir näher daran denken.

Welche Lebenslage man sich auch vorstelle: wenn man alle Güter, die uns gehören können, zusammennimmt, so ist das Königtum die schönste Stellung der Welt; und dennoch, – man denke sich einen König, begleitet von allen Annehmlichkeiten, die ihn betreffen können: wenn er ohne Zerstreuung ist; – und man lasse ihn betrachten und darüber nachdenken, was er ist, so wird ihm diese matte Glückseligkeit keinen Halt geben, er wird mit Notwendigkeit den Aussichten verfallen, die ihn bedrohen: Aussichten auf Aufstände, die ausbrechen können, und endlich auf den Tod und die Krankheiten, die unvermeidlich sind; so daß er, wenn ihm fehlt, was man Zerstreuung nennt, unglücklich ist, unglücklicher als der geringste seiner Untertanen, der spielt und sich zerstreut.

Daher kommt es, daß das Spiel und die Unterhaltung mit Frauen, der Krieg, die hohen Ämter, so gesucht sind; nicht etwa, weil darin wirklich Glück läge, noch weil man sich einbildete, die wahre Glückseligkeit bestünde darin, das Geld zu besitzen, das man im Spiel gewinnen kann, oder in dem Hasen, den man jagt: man würde nichts davon wollen, wenn es einem angeboten würde; nicht nach diesem weichlichen und geruhsamen Genuß trachtet man, der uns nur an unsere unglückliche Verfassung denken läßt, auch nicht nach den Gefahren des Krieges oder der Mühsal der Ämter, sondern nach dem Wirrwarr, der uns davon abhält, daran zu denken, und der uns zerstreut . . .

Daher kommt es, daß die Menschen so sehr den Lärm und den Umtrieb lieben; daher kommt es, daß das Gefängnis eine so entsetzliche Strafe ist; daher kommt es, daß die Freude an der Einsamkeit etwas so Unbegreifliches ist . . .

Einem Menschen sagen, er solle in Ruhe leben, daß heißt ihm sagen, er solle glücklich leben; das heißt, ihm zu einem völlig glücklichen Zustand raten, den er mit Muße betrachten könnte, ohne darin einen Anlaß zur Bekümmernis zu finden. Das heißt also, die Natur nicht verstehen. Deshalb meiden die Menschen, die natürlicherweise ihren Zustand empfinden, nichts so sehr wie die Ruhe; es gibt nichts, was sie nicht täten, um die Unruhe zu suchen. Nicht, daß sie nicht einen Instinkt besäßen, der sie erkennen läßt, daß die wahre Glückseligkeit . . .

So fängt man es verkehrt an, wenn man sie tadelt; ihr Fehler liegt nicht darin, daß die den Tumult suchen, wenn sie ihn nur wie eine Zerstreuung suchen würden; sondern das Übel ist, daß sie ihn so suchen, als ob der Besitz der Dinge, die sie suchen, sie wahrhaftig glücklich machen müßte, und hierin hat man recht, ihr Suchen der Eitelkeit zu bezichtigen; so verstehen in alledem sowohl die, welche tadeln, als auch die, welche getadelt werden, die wahre Natur des Menschen nicht.

Wenn man ihnen also vorwirft, das, was sie mit so viel Leidenschaft suchen, könne sie nicht befriedigen, und wenn sie antworteten – wie sie es tun müßten, wenn sie darüber richtig dächten –, sie suchten darin nur eine ungestüme und hinreißende Beschäftigung, die sie davon ablenke, an sich zu denken, und daher setzten sie sich ein lockendes Ziel, das sie bezaubere und sie heftig anziehe, dann bliebe ihren Gegnern keine Erwiderung. Aber das antworten sie nicht, weil sie sich selber nicht kennen; sie wissen nicht, daß es nur die Jagd ist und nicht die Beute, was sie suchen . . .

Sie bilden sich ein, wenn sie dieses oder jenes Amt erlangt hätten, würden sie sich alsdann mit Freuden ausruhen, und sie spüren nicht die unersättliche Natur ihrer Begierde; sie glauben, aufrichtig die Ruhe zu suchen, und suchen in Wirklichkeit nur den Umtrieb.

Sie haben einen geheimen Instinkt, der sie dazu treibt, die Zerstreuung und die Beschäftigung draußen zu suchen, und der aus dem Unmut über ihr beständiges Elend kommt; und sie haben einen anderen geheimen Instinkt, der von der Größe unserer ersten Natur[2] verblieben ist, und der sie erkennen läßt, daß das Glück in Wirklichkeit nur in der Ruhe liegt, und nicht im Tumult; und aus diesen beiden widerstreitenden Instinkten bildet sich in ihnen ein verworrener Plan, der sich ihrem Blick im Grunde ihrer Seele verbirgt, und der sie dahin bringt, durch den Umtrieb zur Ruhe zu streben und sich fortwährend einzubilden, die Befriedigung, die sie nicht haben, werde sich einstellen, wenn sie einige Schwierigkeiten, die sie vor Augen haben, überwinden und sich dadurch das Tor zur Ruhe öffnen können.

So verrinnt das ganze Leben: man sucht die Ruhe, indem man einige Hindernisse bekämpft; und wenn man sie überwunden hat, wird die Ruhe unerträglich; denn entweder denkt man an das Elend, das man hat, oder an das, das uns droht. Und selbst wenn man sich nach allen Seiten hinlänglich gesichert sähe, würde die Langeweile, eigenmächtig, es nicht lassen, aus dem Grunde des Herzens aufzusteigen, wo sie natürliche Wurzeln hat, und den Geist mit ihrem Gift zu erfüllen. Daher ist der Mensch so unglücklich, daß er sich langweilen würde, selbst ohne irgendwelchen Anlaß zur Langeweile, allein auf Grund der eigentümlichen Beschaffenheit seines Gemütes; und er ist so leer, daß ihm, ist er auch voll von tausend wesentlichen Ursachen zur Langeweile, das Geringfügigste, etwa ein Billard und ein Ball, den er schlägt, genügt, um ihn zu zerstreuen.

Aber, werdet ihr sagen, welche Absicht hat er bei alledem? – Dies, sich morgen vor seinen Freunden

zu rühmen, daß er besser gespielt hat als ein anderer. So schwitzen andere in ihrem Studierzimmer, um den Gelehrten zu zeigen, daß sie eine Frage der Algebra gelöst haben, die man bis dahin nicht habe lösen können; und so viele andere setzen sich den äußersten Gefahren aus, um sich hernach eines Ortes zu rühmen, den sie eingenommen haben, – nach meiner Meinung ebenso töricht; und andere schließlich bringen sich schier um, all dies zu bemerken, nicht um dadurch weiser zu werden, sondern einzig, um zu zeigen, daß sie es wissen, und dies sind die Dümmsten der Sippschaft, denn sie sind es mit Wissen; von den andern dagegen könnte man denken, sie wären es nicht mehr, wenn sie dieses Wissen hätten.
Ein Mensch verbringt sein Leben ohne Langeweile, indem er alle Tage um weniges spielt. Gebt ihm alle Morgen das Geld, das er jeden Tag gewinnen kann, unter der Bedingung, daß er nicht spiele: ihr macht ihn unglücklich. Man wird vielleicht sagen, es sei dies, daß er das Vergnügen des Spiels suche, und nicht den Gewinn. Laßt ihn also um nichts spielen: dabei wird er nicht in Hitze geraten und wird sich langweilen. Es ist also nicht das Vergnügen allein, das er sucht: ein mattes und leidenschaftsloses Vergnügen wird ihn langwei-

len. Er muß sich dabei erhitzen und sich selber hintergehen, indem er sich einbildet, er wäre glücklich, wenn er das gewänne, was er nicht haben wollte, schenkte man es ihm unter der Bedingung, nicht zu spielen; damit er sich einen Anlaß zur Leidenschaft schaffe und dafür seine Begierde, seinen Zorn, seine Furcht errege, – für den Gegenstand, den er sich selbst geschaffen hat, wie die Kinder, die sich vor dem Gesicht entsetzen, das sie selber geschwärzt haben.

Woher kommt es, daß jener Mensch, der vor wenig Monaten seinen einzigen Sohn verloren hat, und der, überlastet mit Prozessen und Streitigkeiten, heute morgen so verstört war, jetzt nicht mehr daran denkt? Wundert euch nicht darüber: er ist völlig davon beansprucht, zu sehen, wo der Eber durchbrechen wird, den die Hunde seit sechs Stunden so hitzig verfolgen. Mehr braucht es nicht. Wie voll von Traurigkeit der Mensch auch sei, – wenn man ihn dazu bringen kann, sich auf irgendwelche Zerstreuung einzulassen, so ist er während dieser Zeit glücklich, und wie glücklich der Mensch auch sei, – wenn er nicht zerstreut ist und in Anspruch genommen von irgendwelcher Leidenschaft oder irgendwelchem Vergnügen, die die Langeweile daran hindert, sich auszubreiten, wird er bald kummervoll und unglücklich sein. Ohne Zerstreuung gibt es keine Freude; mit Zerstreuung gibt es keine Traurigkeit. Und dies macht auch das Glück der Menschen in hoher Stellung aus, daß sie eine Anzahl von Personen um sich haben, die sie zerstreuen, und daß sie die Macht haben, sich in diesem Zustand zu behaupten.

Achtet darauf. Was heißt das anderes, Finanzverwalter, Kanzler, Kammerpräsident zu sein, als in einer Stellung zu sein, wo man vom Morgen an eine große Zahl von Leuten um sich hat, die von allen Seiten kommen, um einem nicht eine Stunde am Tage zu lassen, in der man an sich selber denken könnte? Und wenn sie in Ungnade sind, und man sie in ihre Landhäuser zurückschickt, wo es ihnen weder an Gütern noch an Dienerschaft mangelt, um ihnen in ihren Bedürfnissen beizustehen, dann lassen sie nicht ab, elend und verlassen zu sein, weil niemand sie daran hindert, an sich zu denken. (139)

Zerstreuung. – Man belastet die Menschen von Kindheit an mit der Sorge um ihre Ehre, um ihr Gut, um ihre Freunde und noch dazu um das Gut und die Ehre ihrer Freunde. Man überhäuft sie mit Geschäften, mit der Erlernung der Sprachen und mit Übungen, und man gibt ihnen zu verstehen, daß sie nicht glücklich sein könnten, ohne daß ihre und ihrer Freunde Gesundheit, Ehre, Vermögen in gutem Stande seien, und daß ein einziges, das fehlt, sie unglücklich machen würde. So gibt man ihnen Ämter und Geschäfte, die es fertigbringen, daß sie von Tagesanbruch an im Umtrieb sind. – Das ist, werdet ihr sagen, eine seltsame Art, sie glücklich zu machen! Was könnte man Besseres tun, um sie glücklich zu machen! – Wie! Was man tun könnte? Man müßte ihnen nur alle diese Sorgen nehmen; denn dann würden sie sich selber sehen, wir würden an das denken, was sie sind, woher sie kommen, wohin sie gehen; und so kann man sie gar nicht zuviel beschäftigen und ablenken. Und nachdem man ihnen so viele Geschäfte bereitet hat, rät man ihnen darum auch, wenn sie einige Zeit der Muße haben, sie dazu zu benützen, sich zu zerstreuen, zu spielen und sich immerzu völlig zu beschäftigen. Wie ist das Herz des Menschen hohl und voll von Unrat. (143)

Ein Mensch, der so betrübt ist über den Tod seiner Frau und seines einzigen Sohnes, der jenen großen

Rechtsstreit hat, der ihn quält, – woher kommt es, daß er in diesem Augenblick nicht traurig ist, und daß man ihn so frei von all diesen peinvollen und beunruhigenden Gedanken sieht? Man braucht sich darüber nicht zu verwundern; eben hat man ihm einen Ball zugeworfen, und er muß ihn seinem Partner zurückwerfen, er ist damit beschäftigt, ihn beim Herabfallen vom Dach aufzufangen, um einen Punkt zu gewinnen; wie wollt ihr, daß er an seine Geschäfte denke, wenn er diese andere Angelegenheit in die Hand zu nehmen hat? Wahrlich, eine Sorge, würdig, diese große Seele zu beschäftigen, und ihr jeden andern Gedanken aus dem Geist zu vertreiben. Ein Mensch, dazu geboren, das All zu erkennen, über alle Dinge zu urteilen, einen ganzen Staat zu regieren, – er ist beschäftigt und ganz erfüllt von der Sorge, einen Hasen zu erjagen! Und wenn er sich nicht dazu erniedrigt und immer in Anspannung leben wollte, dann wird er nur um so törichter sein, weil er sich über die Menschheit erheben will; und er ist am Ende doch nur ein Mensch, das heißt fähig zu wenigem und zu vielem, zu allem und zu nichts; er ist weder Engel noch Tier, sondern Mensch. (140)

Der Mensch ist weder Engel noch Tier, und das Unglück will es, daß, wer den Engel spielen will, das Tier spielt. (358)

Trotz dieses Elends will er glücklich sein und nichts als glücklich sein und ist außerstande, es nicht sein zu wollen; aber wie wird er das anstellen? Er müßte, um es richtig anzufangen, sich unsterblich machen; da er das aber nicht kann, ist er darauf verfallen, es sich zu versagen, daran zu denken. (169)

Zerstreuung. – Da die Menschen den Tod, das Elend, die Unwissenheit nicht heilen konnten, sind sie, um sich glücklich zu machen, darauf verfallen, nicht daran zu denken. (168)

Wer die Eitelkeit der Welt nicht sieht, ist selber sehr eitel. Wer aber sieht sie nicht, ausgenommen junge Leute, die ganz im Lärm und in der Zerstreuung, im Gedanken an die Zukunft, aufgehen? Doch nehmt ihnen die Zerstreuung, so werdet ihr sie vor Langeweile eintrocknen sehen; sie fühlen dann ihr Nichts, ohne es zu erkennen: denn das heißt doch unglücklich sein, daß man sich in einer unerträglichen Traurigkeit befindet, sobald man darauf beschränkt ist, sich selber zu betrachten und davon nicht abgelenkt zu sein. (164)

Langeweile. – Nichts ist dem Menschen so unerträglich, wie in einer völligen Ruhe zu sein, ohne Leidenschaften, ohne Geschäft, ohne Zerstreuung, ohne Hingabe. Er gewahrt dann sein Nichts, seine Verlassenheit, seine Unzulänglichkeit, seine Abhängigkeit, seine Ohnmacht, seine Leere. Unverzüglich wird aus dem Grunde seiner Seele die Langeweile aufsteigen, die Düsterkeit, die Traurigkeit, der Kummer, der Verdruß, die Verzweiflung. (131)

Elend. – Das einzige, was uns über unser Elend tröstet, ist die Zerstreuung, und gleichwohl ist dies unser größtes Elend; denn dies hauptsächlich hält uns davon ab, an uns zu denken, und läßt uns unmerklich den Weg verlieren. Ohne dies wären wir in der Langeweile, und diese Langeweile triebe uns dazu an, ein zuverlässigeres Mittel zu suchen, daraus herauszukommen; aber die Zerstreuung unterhält uns und läßt uns unmerklich beim Tode anlangen. (171)

Wir rennen sorglos in den Abgrund, nachdem wir irgend etwas vor uns hingestellt haben, um uns daran zu hindern, ihn zu sehen. (183)

VON DER EITELKEIT DES MENSCHLICHEN DASEINS

Einbildung. – Das ist jener trügerische Teil im Menschen, jene Herrin des Irrtums und der Falschheit, und um so arglistiger, als sie es nicht immer ist; denn sie wäre eine unfehlbare Richtschnur der Wahrheit, wenn sie eine unfehlbare Richtschnur der Lüge wäre. Da sie aber meistens falsch ist, gibt sie keinerlei Kennzeichen ihrer Beschaffenheit an, indem sie mit demselben Merkmal das Wahre und das Falsche kennzeichnet.

Ich spreche nicht von den Narren, ich spreche von den Weisesten; gerade unter ihnen hat die Einbildung die große Gabe, die Menschen zu überreden. Die Vernunft predigt umsonst: sie kann den Wert der Dinge nicht bestimmen. Diese stolze Macht, Feindin der Vernunft, die sich darin gefällt, sie zu beaufsichtigen und sie zu beherrschen, um zu zeigen, wieviel sie in allen Dingen vermag, – sie hat im Menschen eine zweite Natur gestiftet. Sie hat ihre Glücklichen, ihre Unglücklichen, ihre Gesunden, ihre Kranken, ihre Reichen, ihre Armen; sie läßt glauben, zweifeln, die Vernunft leugnen; sie setzt die Sinne außer Kraft, sie setzt sie in Tätigkeit; sie hat ihre Narren und ihre Weisen: und nichts verdrießt uns mehr als zu sehen, daß sie die, welche sie beherbergen, mit einer Befriedigung erfüllt, die ganz anders voll und ungeteilt ist, als die der Vernunft. Die kraft der Einbildung tüchtig sind, gefallen sich selber ganz anders, als die Klugen sich vernünftigerweise zu gefallen vermögen. Sie betrachten die Menschen herrisch; sie streiten mit Kühnheit und Zuversicht, die andern mit Furcht und Mißtrauen. Und diese Heiterkeit der Miene gibt ihnen oft das Übergewicht in der Meinung der Zuhörer; so sehr stehen die eingebildeten Weisen bei gleichgearteten Richtern in Gunst. Die Einbildung kann die Narren nicht weise machen; aber sie macht sie glücklich, im Wettstreit mit der Vernunft, die ihre Freunde nur elend machen kann; denn die eine bedeckt sie mit Ruhm, die andere mit Schande. Wer teilt das Ansehen aus? Wer schafft die Achtung und die Verehrung den Menschen, den Werken, den Gesetzen, den Großen, wenn nicht diese Fähigkeit der Einbildung? Alle Reichtümer der Erde – wie unzulänglich ohne ihre Zustimmung! Würdet ihr nicht sagen, daß jener Ratsherr, dessen ehrwürdiges Alter einem ganzen Volke Ehrfurcht einflößt, sich von einer reinen und erhabenen Vernunft leiten lasse, und daß er die Dinge nach ihrer Natur beurteile, ohne sich bei nichtigen Umständen aufzuhalten, die nur die Einbildungskraft der Schwachen stören? Seht ihn zu einer Predigt gehen, zu der er einen ganz frommen Eifer mitbringt, indem er die Festigkeit seiner Vernunft durch die Glut seiner Liebe verstärkt; da ist er nun bereit, sie mit vorbildlicher Ehrfurcht anzuhören. Der Prediger erscheine, die Natur habe ihm eine heisere Stimme und einen wunderlichen Gesichtsschnitt gegeben, sein Barbier habe ihn schlecht rasiert; – wenn der Zufall ihn obendrein noch beschmutzt hat, dann mag er noch so große Wahrheiten verkündigen, ich wette, unser Senator wird seine Ernsthaftigkeit verlieren.

Der größte Philosoph der Welt, auf einer Planke, breiter als notwendig, wenn unter ihm ein Abgrund gähnt, – obgleich seine Vernunft ihn von seiner Sicherheit überzeugt, wird seine Einbildung obsiegen. Manche könnten den Gedanken daran nicht ertragen, ohne zu erbleichen und zu schwitzen . . .

Wer weiß nicht, daß der Anblick von Katzen, Ratten, das Zermalmen einer Kohle usw. die Vernunft aus den Angeln hebt? Selbst die Weisesten beeindruckt der Ton der Stimme und ändert zwangsweise eine Rede und ein Gedicht. Zuneinung oder Haß ändern das Gesicht des Rechtes. Und wieviel gerechter findet ein Advokat die Sache, die er vertritt, wenn er im voraus gut bezahlt wird! Wieviel besser läßt seine kühne Geste sie den Richtern erscheinen, die durch diesen Anschein hintergangen werden! Spaßige Vernunft, die ein Wind nach allen Richtungen lenkt! Ich könnte fast alle Handlungen der Menschen aufführen; sie geraten fast nur unter seinen Stößen in Bewegung. Denn die Vernunft ward zum Nachgeben gezwungen, und die weiseste macht zu ihren Prinzipien diejenigen, die die Einbildung der Menschen unbesonnen allerorten eingeführt hat.

Wer nur der Vernunft folgen wollte, gälte im Urteil des großen Haufens als verrückt. Man muß nach dem Urteil der Mehrzahl der Menschen urteilen. Weil es ihnen so gefallen hat, muß man den ganzen Tag arbeiten und sich abmühen um Güter, die man als eingebildet erkannt hat; und wenn der Schlaf uns von den Anstrengungen unserer Vernunft erholt hat, muß man sogleich aufspringen, um den Dünsten der Einbildung nachzulaufen und die Einwirkungen dieser Herrin der Welt zu ertragen . . .
Unsere Obrigkeiten haben dies Geheimnis wohl erkannt. Ihre roten Roben, ihre Hermeline, in die sie sich schmiegen, wie Katzen in ihre Pelze, die Paläste, in denen sie Recht sprechen, die Wappenlilien, – dieses ganze erhabene Gepränge war höchst notwendig; und wenn die Ärzte keine Soutanen und keine Pelzstiefel hätten, und die Juristen keine Barette und keine viermal zu weiten Roben, dann hätten sie niemals die Welt zum Narren gehalten, die dieser so glaubwürdigen Schaustellung nicht widerstehen kann. Besäßen sie die wahre Gerechtigkeit und besäßen die Ärzte die wahre Kunst des Heilens, dann würden sie nichts mit Baretten anfangen können; die Majestät dieser Wissenschaften wäre an sich selber

ehrwürdig genug. Da sie aber nur eingebildete Wissenschaften haben, müssen sie zu diesen eitlen Mitteln greifen, die auf die Einbildung wirken, mit der sie es zu tun haben; und dadurch ziehen sie in der Tat die Achtung auf sich. Einzig die Kriegsleute sind nicht derart vermummt, weil ihre Rolle in der Tat wesentlicher ist; sie gründen sich auf die Gewalt, die andern auf die Larve.
So haben auch unsere Könige diese Vermummungen nicht gesucht. Sie haben sich nicht mit ungewöhnlichen Gewändern maskiert, um als solche zu erscheinen; aber sie haben sich mit Wachen, mit Hellebarden umgeben. Diese vierschrötigen Kerle in Waffen, die nur für sie Hände und Stärke haben, die Trompeter und Trommler, die vorausmarschieren, und diese Heerscharen, die sie umringen, machen die Standhaftesten erzittern. Sie haben nicht das Gewand allein, sie haben die Macht. Man müßte schon eine sehr geläuterte Vernunft haben, um den Großherrscher in seinem stolzen Serail, umgeben von vierzigtausend Janitscharen, wie einen andern Menschen zu betrachten.
Nicht einmal einen Advokaten in Soutane und mit dem Barett auf dem Kopfe können wir erblicken, ohne eine vorteilhafte Meinung von seiner Tüchtigkeit zu haben.

Die Einbildung verfügt über alles; sie macht die Schönheit, die Gerechtigkeit und das Glück, das alles in der Welt ist . . . Das etwa sind die Wirkungen dieser trügerischen Fähigkeit, die uns ausdrücklich dazu gegeben zu sein scheint, uns in einen notwendigen Irrtum hineinzuführen. Wir haben noch viele andere derartige Prinzipien. Nicht allein die altvertrauten Eindrücke sind fähig, uns zu täuschen: die Reize der Neuheit haben die gleiche Macht. Von daher kommen alle Streitigkeiten der Menschen, die sich vorwerfen entweder, daß sie ihren falschen Kindheitseindrücken folgen, oder daß sie verwegen den Neuigkeiten nachjagen. Wer hält die rechte Mitte? Er möge hervortreten und es beweisen. Es gibt kein Prinzip, wie natürlich es uns auch sogar von Kindheit an sein mag, das man nicht für einen falschen Eindruck, sei es von der Erziehung, sei es von den Sinnen her, ausgäbe . . .

Wir haben noch ein anderes Prinzip des Irrtums: die Krankheiten. Sie verderben uns das Urteil und den Verstand; und wenn die schweren diesen fühlbar verändern, so zweifle ich nicht, daß die leichten ihn ihrem Ausmaß entsprechend beeinflussen.

Unser eigener Vorteil ist ferner ein wunderbares

Mittel, um uns auf angenehme Weise die Augen zu blenden. Selbst dem gerechtesten Menschen der Welt ist es nicht erlaubt, in eigener Sache Richter zu sein; ich kenne einige, die, um nicht dieser Eigenliebe zu verfallen, in völliger Verkehrung die ungerechtesten Menschen der Welt gewesen sind; das sichere Mittel, eine durchaus gerechte Sache zu verlieren, war, sie ihnen durch ihre nahen Verwandten empfehlen zu lassen. Die Gerechtigkeit und die Wahrheit sind zwei so feine Spitzen, daß unsere Instrumente zu stumpf sind, um sie genau zu berühren. Wenn sie darauf treffen, drücken sie deren Spitze breit und stoßen überall an, mehr an das Falsche als an das Wahre. So gelungen ist also der Mensch fabriziert, daß er keinerlei Prinzip des Wahren und mehrere vorzügliche des Falschen hat . . . (82)

Eigenliebe. – Die Natur der Eigenliebe und dieses menschlichen Ich besteht darin, nur sich selbst zu lieben und nur sich selbst zu achten. Aber was soll der Mensch tun? Er könnte es nicht hindern, daß dieser Gegenstand, den er liebt, voller Mängel und Elend ist: er will groß sein, und er sieht sich klein; er will glücklich sein, und er sieht sich elend; er will vollkommen sein, und er sieht sich voller

Unvollkommenheiten; er will der Gegenstand der Liebe und der Achtung der Menschen sein, und er sieht, daß seine Mängel nur ihre Abneigung und ihre Verachtung verdienen. Diese Verlegenheit, in der er sich befindet, erzeugt in ihm die ungerechteste und verbrecherischste Leidenschaft, die man sich nur vorstellen kann; denn er faßt einen tödlichen Haß gegen diese Wahrheit, die ihn tadelt, und die ihn seiner Mängel überführt. Er möchte sie zunichte machen, und da er sie nicht in ihr selber zerstören kann, zerstört er sie, soviel er kann, in seinem und der anderen Bewußtsein; das heißt, er wendet all seine Sorgfalt darauf, seine Mängel vor den andern und vor sich selbst zu verdecken, und er kann es nicht ertragen, daß man sie ihn sehen lasse oder daß man sie sehe.

Es ist zweifellos ein Übel, voller Mängel zu sein; aber es ist ein noch größeres Übel, von ihnen voll zu sein und sie nicht erkennen zu wollen; denn das heißt, ihnen als weiteren Mangel eine freiwillige Täuschung hinzuzufügen. Wir wollen nicht, daß die anderen uns täuschen; wir finden es nicht recht, daß sie von uns höher geachtet werden wollen, als sie es verdienen; es ist also auch nicht recht, daß wir sie täuschen, und daß wir wollen, sie sollen uns höher achten, als wir es verdienen.

Da sie also nur Unvollkommenheiten und Laster entdecken, wie wir sie tatsächlich haben, ist es offenbar, daß sie uns kein Unrecht tun, weil ja nicht sie deren Ursache sind, daß sie uns vielmehr eine Wohltat erweisen, da sie uns helfen, uns von einem Übel zu befreien, nämlich von der Unkenntnis dieser Unvollkommenheiten. Wir dürfen uns nicht darüber ärgern, daß sie diese kennen, und daß sie uns verachten; denn es ist recht, sowohl daß sie uns als das kennen, was wir sind, als auch, daß sie uns verachten, wenn wir verächtlich sind.

Das sind die Gefühle, die aus einem Herzen erwüchsen, das voll von Rechtlichkeit und Gerechtigkeit wäre. Was sollen wir also von dem unsern sagen, wenn wir darin eine völlig entgegengesetzte Neigung erblicken? Denn ist es nicht wahr, daß wir die Wahrheit hassen und die, welche sie uns sagen, und daß wir es gerne haben, wenn sie sich zu unseren Gunsten täuschen, und daß wir von ihnen für andere gehalten werden wollen, als wir in Wirklichkeit sind? . . .

Es gibt in dieser Abneigung gegen die Wahrheit verschiedene Grade; aber man kann sagen, daß sie in gewissem Grade sich in allen befindet, weil sie von der Eigenliebe untrennbar ist. Das ist jenes schlimme Zartgefühl, das die, welche die andern zu tadeln gezwungen sind, dazu verpflichtet, so viele Umwege und Abmilderungen zu wählen, um zu vermeiden, bei ihnen anzustoßen. Sie müssen unsere Mängel verkleinern, sie müssen tun, als entschuldigten sie diese, sie müssen Lobsprüche und Bezeugungen der Zuneigung und Achtung in ihren Tadel mischen. Trotz alledem läßt diese Arznei nicht ab, der Eigenliebe bitter zu sein. Sie nimmt davon so wenig ein, als sie nur kann, und immer mit Widerwillen, und oft sogar mit einem geheimen Groll gegen die, welche sie ihr darreichen.

Daher kommt es, daß man, wenn man irgendein Interesse daran hat, von uns geliebt zu werden, sich davon fernhält, uns einen Dienst zu erweisen, von dem man weiß, daß er uns unangenehm ist. Man behandelt uns, wie wir behandelt werden wollen: wir hassen die Wahrheit, man verbirgt sie uns; wir wollen geschmeichelt sein, man schmeichelt uns; wir lieben es, getäuscht zu werden, man täuscht uns.

Das macht es, daß jede Stufe des günstigen Geschickes, die uns in der Welt erhebt, uns weiter von der Wahrheit entfernt, weil man sich mehr davor scheut, die zu verletzen, deren Zuneigung nützlicher und deren Abneigung gefährlicher ist.

Ein Fürst könnte das Gerede von ganz Europa sein und als einziger nichts davon wissen. Ich wundere mich nicht darüber: die Wahrheit zu sagen ist nützlich für den, dem man sie sagt, aber nachteilig für die, welche sie sagen, weil sie sich verhaßt machen. Nun lieben die, welche mit den Fürsten leben, ihren Vorteil mehr als den des Fürsten, dem sie dienen; und so achten sie nicht darauf, ihm einen Vorteil zu verschaffen, wenn sie sich selber dabei schaden.

Dieses Unglück ist ohne Zweifel größer und allgemeiner in den höchsten Lebensverhältnissen; aber die geringeren sind davon nicht ausgenommen, weil es immer irgendein Interesse daran gibt, sich bei den Menschen beliebt zu machen. So ist das menschliche Leben nichts als eine beständige Illusion; man tut nichts, als sich gegenseitig zu betrügen und sich gegenseitig zu schmeicheln. Niemand spricht in unserer Gegenwart so von uns, wie er in unserer Abwesenheit spricht. Die Eintracht zwischen den Menschen ist nur auf diesen gegenseitigen Trug gegründet; und wenig Freundschaften hätten Bestand, wenn jeder wüßte, was sein Freund über ihn sagt, wenn er nicht dabei ist, obgleich er dann aufrichtig und ohne Leidenschaft von ihm spricht.

Der Mensch ist also nur Verstellung, Lüge und Heuchelei, sowohl in sich selber als auch den andern gegenüber. Er will nicht, daß man ihm die Wahrheit sage, er vermeidet es, sie den andern zu sagen; und alle diese Neigungen, so entfernt von der Gerechtigkeit und der Vernunft, haben eine natürliche Wurzel in seinem Herzen. (100)

Die Eitelkeit ist so tief im Herzen des Menschen verankert, daß ein Soldat, ein Troßbube, ein Koch, ein Lastträger sich rühmt und seine Bewunderer haben will; und selbst die Philosophen trachten danach; und die, welche dagegen schreiben, wollen den Ruhm haben, gut geschrieben zu haben; und die, welche sie lesen, wollen den Ruhm haben, es gelesen zu haben; und ich, der ich dies schreibe, habe vielleicht ebenfalls dieses Verlangen; und vielleicht, daß die, welche es lesen werden . . . (150)

Die Abhandlungen über die Demut sind für die ruhmsüchtigen Leute Anlaß zum Stolz, und für die Demütigen zur Demut. So sind die Abhandlungen über den Skeptizismus Anlaß zur Bejahung für die, die zur Bejahung neigen; wenige reden von der Demut demütig, wenige von der

Keuschheit keusch, wenige vom Skeptizismus zweifelnd. Wir sind nur Lüge, Doppelzüngigkeit, Widerspruch, und wir verbergen und vermummen uns vor uns selber. (377)

VON DER NICHTIGKEIT DES MENSCHEN

Was ist das Ich?

Ein Mensch setzt sich an das Fenster, um die Vorübergehenden zu sehen; kann ich, wenn ich daran vorbeigehe, sagen, er habe sich dahin begeben, um mich zu sehen? Nein, denn er denkt nicht an mich im besonderen. Aber wer jemanden um seiner Schönheit willen liebt, liebt der ihn? Nein, denn die Pocken, welche die Schönheit töten, ohne den Menschen zu töten, werden es bewirken, daß er ihn nicht mehr lieben wird. Und wenn man mich wegen meines Urteiles, wegen meines Gedächtnisses liebt, liebt man dann mich? Nein, denn ich kann diese Eigenschaften verlieren, ohne mich selber zu verlieren. Wo ist also dieses Ich, wenn es weder im Leib noch in der Seele ist? Und wie kommt es, daß man den Leib oder die Seele liebt, wenn nicht um dieser Eigenschaften willen, die nicht das sind, was das Ich ausmacht, da sie vergänglich sind? Denn würde man das Innerste der Seele eines Menschen lieben, an sich, und welche Eigenschaften auch immer darin wären? Das ist nicht möglich und wäre ungerecht. Man liebt also niemals jemanden eigentlich[3], sondern lediglich Eigenschaften.

Man mache sich also nicht mehr lustig über die, welche sich wegen Ämtern und Stellungen ehren lassen, denn man liebt ja jeden nur um erborgter Eigenschaften willen. (323)

Philosophen. – Wir sind voll von Dingen, die uns nach außen werfen.

Unser Instinkt läßt uns spüren, daß wir unser Glück außer uns suchen müssen; unsere Leidenschaften drängen uns nach außen, selbst wenn die Gegenstände sich nicht darböten, sie zu erregen. Die äußeren Gegenstände versuchen uns von sich aus und locken uns, auch wenn wir nicht daran denken. Und so sagen die Philosophen umsonst: zieht euch in euch selbst zurück, ihr werdet dort euer Heil finden; man glaubt ihnen nicht, und die, welche ihnen glauben, sind die Leersten und die Dümmsten. (464)

Wir halten uns niemals an die Gegenwart. Wir nehmen die Zukunft vorweg, als käme sie zu langsam, als müßten wir ihren Lauf beschleunigen; oder wir rufen die Vergangenheit zurück, um sie anzuhalten, als entschwände sie zu rasch: so töricht sind wir, daß wir in den Zeiten umherirren, die nicht unser sind, und nicht an die einzige denken, die uns gehört; und so eitel, daß wir an die denken, die nichts mehr sind, und ohne Überlegung der einzigen entfliehen, die besteht. So tun wir, weil die Gegenwart uns gemeinhin verletzt. Wir verbergen sie vor unserem Blick, weil sie uns quält; und wenn sie uns angenehm ist, beklagen wir es, sie entgleiten zu sehen. Wir versuchen, sie durch die Zukunft zu stützen, und denken daran, über die Dinge zu verfügen, die nicht in unserer Macht sind, auf eine Zeit hin, die zu erreichen wir keinerlei Sicherheit haben.
Ein jeder prüfe seine Gedanken, er wird sie alle mit der Vergangenheit und mit der Zukunft beschäftigt finden. Wir denken fast gar nicht an die Gegenwart; und wenn wir daran denken, so nur,

damit wir daraus die Einsicht gewinnen, um über die Zukunft zu verfügen. Die Gegenwart ist niemals unser Ziel: die Vergangenheit und die Gegenwart sind unsere Mittel; einzig die Zukunft ist unser Ziel. So leben wir nie, sondern wir hoffen zu leben; und während wir uns immer dazu bereiten, glücklich zu sein, ist es unvermeidlich, daß wir es niemals sind. (172)

Der Geist dieses obersten Richters der Welt (d. h. des Menschen) ist nicht so unabhängig, daß er nicht dem ausgesetzt wäre, durch das erste beste Getöse, das um ihn herum entsteht, verwirrt zu werden. Es braucht nicht den Lärm einer Kanone, um seine Gedanken zu behindern: es braucht nur das Gekreisch einer Wetterfahne oder einer Zugwinde. Wundert euch nicht, wenn er im Augenblick nicht richtig denkt: eine Fliege summt an seinen Ohren; das genügt, um ihn zu gutem Rat unfähig zu machen. Wollt ihr, daß er die Wahrheit finden könne, so verjagt dieses Tier, das seine Vernunft in Schach hält und diesen mächtigen Verstand verwirrt, der über Städte und Königreiche herrscht. Was für ein spaßiger Gott ist dies! O ridicolosissimo eroe![4] (366)

Wer die Eitelkeit des Menschen vollständig kennen lernen will, braucht nur die Ursachen und die Wirkungen der Liebe zu betrachten. Ihre Ursache ist ein »Ich weiß nicht was« (Corneille), und ihre Wirkungen sind entsetzlich. Dieses »Ich weiß nicht was«, so wenig, daß man es nicht zu erkennen vermag, bewegt die ganze Erde, die Fürsten, die Heere, die ganze Welt.
Die Nase der Kleopatra: wäre sie kürzer gewesen, das ganze Antlitz der Erde hätte sich verändert.

(162)

DER MENSCH IM IRRTUM

Skeptizismus. – Jegliches Ding ist hienieden zum Teil wahr, zum Teil falsch. Die wesenhafte Wahrheit ist nicht so: sie ist ganz rein und ganz wahr; jene Mischung entehrt sie und macht sie zunichte. Nichts ist ungetrübt wahr; und so ist nichts wahr, wenn man es vom lauteren Wahren her versteht. Man wird sagen, es sei wahr, daß der Mord böse ist; ja, denn wir kennen wohl das Böse und das Falsche. Aber was wird man gut nennen? Die Keuschheit? Ich sage nein, denn die Welt würde aufhören. – Die Ehe? Nein; die Enthaltsamkeit ist besser. – Nicht zu töten? Nein, denn die Unordnung wäre entsetzlich, und die Bösen würden alle Guten töten. – Zu töten? Nein, denn das zerstört die Natur. – Wir haben sowohl Wahres wie Gutes nur teilweise und vermischt mit Schlechtem und Falschem. (385)

Der Geist glaubt von Natur, und der Wille liebt von Natur, so daß sie sich, in Ermangelung wahrer Gegenstände, an die falschen heften müssen. (81)

... Der Mensch ist nichts als ein Wesen voller Irrtum, der natürlich[5] ist und ohne die Gnade unaustilgbar. Nichts zeigt ihm die Wahrheit. Alles mißbraucht ihn; jene beiden Ursprünge von Wahrheiten, die Vernunft und die Sinne, ermangeln jedes der Aufrichtigkeit, und außerdem mißbrauchen sie einander gegenseitig. Die Sinne mißbrauchen die Vernunft durch falschen Schein; und diese selbe Gaunerei, die sie an der Vernunft ausüben, erleiden sie ihrerseits von dieser: sie rächt sich dafür. Die Leidenschaften der Seele verwirren deren Sinne und schaffen ihnen falsche Eindrücke. Sie lügen und betrügen sich um die Wette ... (83)

Die Menschen sind so notwendig verrückt, daß es, auf eine andere Art von Verrücktheit, verrückt sein hieße, nicht verrückt zu sein. (414)

VOM ZWEIFEL UND VON DER VERLORENHEIT

. . . Die Unsterblichkeit der Seele ist etwas, das uns so sehr angeht, das uns so tief berührt, daß man jedes Gefühl verloren haben muß, wenn es einem gleichgültig ist, zu wissen, was es damit auf sich hat. Alle unsere Handlungen und unsere Gedanken müssen, je nachdem, ob es ewige Güter zu erhoffen gibt oder nicht, derart verschiedene Wege einschlagen, daß es unmöglich ist, mit Sinn und Urteil einen Schritt zu tun, ohne ihn durch die Sicht auf jenen Punkt zu bestimmen, der unser letztes Ziel sein soll.

So ist es unser erstes Anliegen und unsere erste Pflicht, uns über diesen Gegenstand klar zu werden, von dem all unser Verhalten abhängt; und daher mache ich bei denen, die davon nicht überzeugt sind, einen äußersten Unterschied zwischen solchen, die aus all ihren Kräften daran arbeiten, sich darüber zu unterrichten, und solchen, die dahinleben, ohne sich darum zu sorgen und ohne daran zu denken.

Ich kann nur Mitgefühl haben mit denen, die aufrichtig in diesem Zweifel seufzen, die ihn als das äußerste Unglück betrachten, und die keine Mühe scheuen, davon loszukommen, und diese Suche zu ihrer hauptsächlichsten und ernstesten Beschäftigung machen.

Was aber die betrifft, die ihr Leben verbringen, ohne an jenes letzte Ziel des Lebens zu denken, und die einzig darum, weil sie selber nicht die Einsicht finden, die sie davon überzeugt, es verabsäumen, sie anderswo zu suchen und von Grund auf zu prüfen, ob diese Meinung zu denen gehört, die das Volk in leichtgläubiger Einfalt annimmt, oder zu denen, die, wenn sie auch an sich dunkel sind, gleichwohl eine sehr feste und unerschütterliche Grundlage haben, – die sehe ich ganz anders an.

Diese Nachlässigkeit in einer Sache, bei der es sich um sie selber handelt, um ihre Ewigkeit, um ihr

Alles, erregt mich mehr, als daß sie mich rührte; sie bestürzt und erschreckt mich; eine Ungeheuerlichkeit ist das für mich. Ich sage dies nicht aus dem frommen Eifer geistlicher Erbauung; ich meine im Gegenteil, daß man dieses Gefühl aus einem Grundsatz menschlichen Eigennutzes und aus einem Interesse der Selbstliebe haben muß; man muß dazu nur das sehen, was die am wenigsten erleuchteten Menschen sehen.

Wir bedürfen keiner sonderlich erhabenen Seele, um zu begreifen, daß es hier keine wahrhafte und dauernde Befriedigung gibt, daß alle unsere Vergnügungen nur Eitelkeit sind, daß unsere Leiden unendlich sind, und daß uns schließlich der Tod, der uns in jedem Augenblick bedroht, in wenig Jahren unfehlbar in die entsetzliche Notwendigkeit versetzen wird, auf ewig vernichtet oder unglücklich zu sein.

Es gibt nichts Wirklicheres als dies, und nichts Schrecklicheres. Spielen wir, solange wir wollen, die Tapferen: das ist das Ende, welches das schönste Leben der Welt erwartet. Darüber denke man nach, und dann sage man, ob es nicht unzweifelhaft ist, daß es in diesem Leben kein Gut gibt, als in der Hoffnung auf ein anderes Leben, daß man nur in dem Maße glücklich ist, als man sich diesem

nähert, und daß es, wie es kein Unglück mehr geben wird für die, welche eine völlige Zuversicht auf die Ewigkeit hatten, auch kein Glück gibt für die, welche darin keine Einsicht haben.
Es ist also sicherlich ein großes Übel, in diesem Zweifel zu sein; aber es ist zumindest eine unerläßliche Pflicht, zu suchen, wenn man in diesem Zweifel ist; und so ist der, welcher zweifelt und nicht sucht, beides zusammen, sehr unglücklich und sehr im Unrecht. Wenn er damit ruhig und zufrieden ist, wenn er es darauf anlegt und wenn er sich schließlich etwas darauf einbildet und eben diesen seinen Zustand zum Gegenstand seiner Freude und seiner Eitelkeit macht, dann habe ich keine Begriffe mehr, um ein so überspanntes Geschöpf zu bezeichnen.
Wo kann man diese Gefühle fassen? Welchen Grund zur Freude findet man darin, nicht mehr zu erwarten als Elend ohne Rettung? Welchen Grund zur Eitelkeit, sich in undurchdringlichen Finsternissen zu sehen? Und wie kann es geschehen, daß diese Überlegung in einem vernünftigen Menschen vor sich geht?
»Ich weiß nicht, wer mich in die Welt gesetzt hat, noch was die Welt ist, noch was ich selber bin; ich bin in einer schrecklichen Unwissenheit über alle

Dinge; ich weiß nicht, was das ist: mein Leib, meine Sinne, meine Seele und selbst jener Teil von mir, der denkt, was ich sage, der über alles und über sich selbst nachdenkt und sich nicht besser erkennt als das Übrige. Ich sehe diese fürchterliche Räume des Alls, die mich einschließen, und ich finde mich an eine Ecke dieses weiten Raumes gebunden, ohne daß ich wüßte, warum ich eher an diesen als an einen anderen Ort gestellt bin, noch warum dies Wenige an Zeit, das mir zum Leben gegeben ist, mir eher an diesem als an einem andern Punkte der ganzen Ewigkeit zugewiesen ist, die mir vorhergegangen ist, und jener ganzen, die mir folgt. Ich sehe von allen Seiten nur Unendlichkeiten, die mich umschließen wie ein Atom und wie einen Schatten, der nur einen Augenblick dauert, ohne Wiederkehr. Alles, was ich weiß, ist, daß ich bald sterben muß; aber was ich am wenigsten kenne, das ist dieser Tod selber, dem ich nicht zu entgehen vermag.

Wie ich nicht weiß, woher ich komme, so weiß ich auch nicht, wohin ich gehe; und ich weiß nur, daß ich, wenn ich aus dieser Welt gehe, für immer entweder in das Nichts, oder in die Hände eines erzürnten Gottes falle, ohne zu wissen, welche dieser beiden Zustände ewiglich mein Teil sein soll. Das ist mein Stand im Dasein[6], voller Schwachheit und Ungewißheit. Und aus alledem schließe ich, daß ich also alle Tage meines Lebens verbringen darf, ohne daran zu denken, das zu erforschen, was mir beschieden sein soll. Vielleicht könnte ich einige Aufklärung in meinen Zweifeln finden; aber ich will mir nicht die Mühe machen, noch einen Schritt tun, um jene zu suchen; und indem ich diejenigen mit Verachtung behandle, die sich in dieser Sorge abarbeiten, will ich dann, ohne Voraussicht und ohne Furcht, es mit einem so großen Ereignis wagen und mich lässig zum Tode führen lassen, in der Ungewißheit über die Ewigkeit meiner künftigen Verfassung . . .«

Nichts ist für den Menschen so wichtig wie sein Stand im Dasein; nichts ist für ihn so bedrohlich wie die Ewigkeit. Und daher: wenn es Menschen gibt, die gegen den Verlust ihres Seins und gegen die Gefahr einer Ewigkeit von Elend gleichgültig sind, so ist das keineswegs natürlich. Sie verhalten sich ganz anders zu allen anderen Dingen; sie fürchten sogar die geringsten Dinge, sie sehen sie voraus, sie spüren sie; und derselbe Mensch, der so viele Tage und Nächte in Wut und Verzweiflung hinbringt über den Verlust eines Amtes oder über irgendeine eingebildete Beleidigung seiner

Ehre, – er ist eben der gleiche, der ohne Unruhe und ohne Erregung weiß, daß er durch den Tod alles verlieren wird. Es ist etwas Ungeheuerliches, im selben Herzen und zur selben Zeit jene Empfänglichkeit für die geringsten und diese seltsame Unempfänglichkeit für die größten Dinge zu sehen. Das ist eine unbegreifliche Verzauberung und eine übernatürliche Betäubung, die auf eine allmächtige Gewalt hinweist, die sie verursacht.
Es muß eine seltsame Verkehrung in der Natur des Menschen geben, daß er sich einen Ruhm daraus macht, in diesem Zustande zu sein, von dem es doch unglaubhaft erscheint, daß auch nur ein einziger Mensch darin bestehen könne...
Nicht verrät besser eine äußerste Schwäche des Geistes, als nicht zu erkennen, wie groß das Unglück eines Menschen ohne Gott ist; nichts kennzeichnet vornehmlicher eine böse Anlage des Herzens, als nicht die Wahrheit der ewigen Verheißungen zu wünschen; nichts ist feiger, als gegen Gott den Tapferen zu spielen... (194)

Die Hauptstärke der Skeptiker (ich lasse das weniger Wichtige beiseite) liegt in folgendem: Wir haben, außerhalb des Glaubens und der Offenbarung, keinerlei Gewißheit von der Wahrheit jener

Prinzipien[7], es sei denn darin, daß wir sie natürlicherweise in uns fühlen. Nun ist dieses natürliche Gefühl kein überzeugender Beweis für ihre Wahrheit; denn da es außerhalb des Glaubens keine Gewißheit darüber gibt, ob der Mensch von einem guten Gott, von einem bösen Dämon oder aufs Geratewohl geschaffen wurde, ist es zweifelhaft, ob diese Prinzipien uns als wahre, als falsche oder als ungewisse, je nach unserem Ursprung, gegeben sind. Überdies hat niemand, außerhalb des Glaubens, Gewißheit darüber, ob er wacht oder ob er schläft, da man ja während des Schlafes ebenso sicher zu wachen glaubt, wie wir es im wirklichen Wachen tun; man glaubt die Räume, die Gestalten, die Bewegungen zu sehen; man fühlt die Zeit verrinnen, man mißt sie; und schließlich handelt man ebenso wie im Wachen. Da also die Hälfte des Lebens, nach unserem eigenen Geständnis, im Schlaf verstreicht, in dem wir, was dergleichen uns auch immer erscheine, keinerlei Vorstellung vom Wahren haben, weil all unsere Gefühle dann Illusionen sind, – wer weiß, ob jene andere Hälfte des Lebens, in der wir zu wachen glauben, nicht ein anderer Schlaf ist, von dem ersten ein wenig verschieden, aus dem wir erwachen, wenn wir zu schlafen meinen?

Und wenn man in Gemeinsamkeit träumte, und die Träume durch Zufall übereinstimmten, was recht häufig ist, und wenn man in Einsamkeit erwachte, – wer zweifelt daran, daß man die Dinge auf den Kopf gestellt glaubte? Endlich, da man häufig träumt, man träume, wobei man einen Traum auf den andern schichtet, – ist das Leben selbst nur ein Traum, auf den die andern Träume gepfropft sind, aus dem wir im Tode erwachen, und während dessen wir ebensowenig die Prinzipien des Wahren und des Guten besitzen, wie während des natürlichen Schlafes, da diese verschiedenen Gedanken, die uns darin aufrühren, vielleicht nur Illusionen sind, gleich dem Verrinnen der Zeit und den eitlen Fantasien unserer Träume? . . .

Ich verweile bei der einzigen Feste der Dogmatisten, die darin besteht, daß man, wenn man guten Glaubens und aufrichtig spricht, nicht an den natürlichen Prinzipien zweifeln kann. Dem halten die Skeptiker mit einem Wort die Ungewißheit unseres Ursprunges entgegen, welche die unserer Natur einschließt; die Dogmatisten sind immer noch dabei, darauf zu antworten, seit die Welt steht.

Damit ist der Krieg zwischen den Menschen eröffnet, in dem jeder Partei ergreifen und sich notwendigerweise entweder zum Dogmatismus oder zum Skeptizismus schlagen muß. Denn wer neutral zu bleiben gedenkt, wird recht eigentlich Skeptiker sein; diese Neutralität ist das Wesen der Kabale: wer nicht wider die Skeptiker ist, ist recht eigentlich für sie (darin kommt ihre Überlegenheit zum Vorschein). Sie sind nicht für sich selber; sie sind neutral, gleichgültig, allem gegenüber in der Schwebe, ohne sich selber auszunehmen. Was wird also der Mensch in dieser Lage tun? Wird er an allem zweifeln? Wird er zweifeln, ob er wacht, ob man ihn kneift, ob man ihn brennt? Wird er zweifeln, ob er zweifelt? Wird er zweifeln, ob er ist? So weit kann man es nicht treiben; und ich behaupte, daß es niemals einen wirklichen, vollkommenen Skeptiker gegeben hat. Die Natur stützt die ohnmächtige Vernunft und hindert sie, bis zu diesem Punkt auszuschweifen.

Wird er also im Gegenteil sagen, er sei im sicheren Besitz der Wahrheit, er, der, kaum daß man ihn in die Enge treibt, keinen Rechtstitel darauf vorweisen kann und gezwungen ist, die Beute fahren zu lassen?

Was für eine Chimäre ist also der Mensch? Was für eine Novität, was für ein Monstrum, was für ein Chaos, was für ein Anlaß zum Widerspruch, was

für ein Wunder! Richter aller Dinge, einfältiger Erdenwurm; Verwalter des Wahren, Kloake der Ungewißheit und des Irrtums; Glanz und Auswurf des Alls.
Wer wird diese Verwirrung auflösen? Die Natur verwirrt die Skeptiker, und die Vernunft verwirrt die Dogmatisten. Was wird also aus euch werden, ihr Menschen, die ihr mit eurer natürlichen Vernunft sucht, welches eure wahre Verfassung ist? Ihr könnt keiner dieser Sekten entgehen, noch in irgendeiner bestehen.
Erkenne also, du Stolzer, was für ein Paradox du für dich selber bist. Demütige dich, ohnmächtige Vernunft; schweig, einfältige Natur. Lerne, daß der Mensch den Menschen unendlich übersteigt, und vernimm von deinem Meister deine wahre Verfassung, die du nicht kennst. Höre auf Gott.
Denn schließlich, wäre der Mensch niemals verderbt worden, er würde sich in seiner Unschuld der Wahrheit und der Glückseligkeit mit Zuversicht erfreuen; und wäre der Mensch von jeher nur verdorben gewesen, er hätte keine Vorstellung von der Wahrheit noch von der Seligkeit.
Aber, unglücklich, wie wir sind, und unglücklicher, als wenn es keine Größe in unserem Stande gäbe, haben wir eine Vorstellung vom Glück und

können nicht dahin gelangen; wir ahnen ein Bild der Wahrheit und besitzen nur die Lüge; wir sind unfähig, schlechthin unwissend zu sein und sicher zu wissen; so sehr ist es offenbar, daß wir auf einer Stufe der Vollkommenheit gewesen sind, von der wir unglückseligerweise gefallen sind!
Erstaunlich indessen, daß das Geheimnis, das am weitesten von unserer Erkenntnis entfernt ist, nämlich das der Fortpflanzung der Sünde, etwas ist, ohne das wir keine Erkenntnis unserer selbst haben können! Denn es ist kein Zweifel, daß nichts unsere Vernunft mehr ärgert, als wenn man sagt, die Sünde des ersten Menschen habe diejenigen schuldig gemacht, die, so weit entfernt von dieser Quelle, unfähig scheinen, daran teilzuhaben. Dieses Weiterfließen[8] erscheint uns nicht allein unmöglich, es erscheint uns sogar sehr ungerecht; denn was widerspricht den Regeln unserer elenden Gerechtigkeit mehr, als ein Kind, unfähig des Willens, auf ewig zu verdammen wegen einer Sünde, an der es so wenig Anteil zu haben scheint, daß sie vielmehr sechstausend Jahre, bevor es ins Dasein trat, begangen wurde? Sicherlich ist uns nichts ärger anstößig als diese Lehre; und dennoch: ohne dieses allerunbegreiflichste Geheimnis sind wir uns selber unbegreiflich. Der Knoten

unserer Verfassung erhält seine Krümmungen und seine Windungen in diesem Abgrund; so ist der Mensch ohne dieses Geheimnis unbegreiflicher, als dieses Geheimnis dem Menschen unbegreiflich ist.
Daraus geht hervor, daß Gott, indem er uns die Schwierigkeit unseres Seins für uns selber uneinsichtig machen wollte, dessen Knoten so hoch, oder besser so tief verborgen hat, daß wir recht unfähig waren, dahin zu gelangen; deshalb geschieht es nicht durch die hochfahrende Beflissenheit unserer Vernunft, sondern durch die schlichte Unterwerfung der Vernunft, daß wir uns wahrhaft erkennen können ... (434)

... Es ist kein Zweifel, daß es kein Gut gibt ohne die Erkenntnis Gottes, daß man in dem Maße glücklich ist, in dem man sich ihr nähert, und daß es das letzte Glück ist, ihn mit Gewißheit zu erkennen, daß man in dem Maße unglücklich ist, in dem man sich davon entfernt, und daß das äußerste Unglück die Gewißheit vom Gegenteil wäre. Es ist also ein Unglück, zu zweifeln, aber es ist eine unerläßliche Pflicht, in diesem Zweifel zu suchen; und so ist der, der zweifelt und nicht sucht, beides zusammen, unglücklich und ungerecht; wenn er dabei heiter und anmaßend ist, so habe ich keinen Begriff, um ein so überspanntes Geschöpf zu bezeichnen . . . (194b)

Der Mensch weiß nicht, auf welche Stufe er sich stellen soll; er ist sichtlich verirrt und aus seinem wahren Ort gefallen, ohne ihn wiederfinden zu können; er sucht ihn überall, in Unruhe und ohne Erfolg, in undurchdringlichen Finsternissen. (427)

DER MENSCH IM ZWIESPALT

Wir wünschen die Wahrheit und finden in uns nur Ungewißheit.
Wir suchen das Glück und finden nur Elend und Tod.
Wir sind unfähig, die Wahrheit und das Glück nicht zu wünschen, und sind weder der Gewißheit noch des Glückes fähig. Dieses Verlangen ist uns gelassen, sowohl um uns zu bestrafen, als auch um uns innewerden zu lassen, woraus wir gefallen sind. (437)

Innerer Krieg des Menschen zwischen der Vernunft und den Leidenschaften.
Wenn er nur die Vernunft ohne Leidenschaften

hätte . . . Wenn er nur die Leidenschaften ohne Vernunft hätte . . . Aber da er beide hat, kann er nicht ohne Krieg sein, da er mit dem einen nur Frieden haben kann, wenn er mit dem anderen im Kriege liegt; so ist er immer geteilt und im Widerstreit mit sich selbst. (412)

Die größte Niedrigkeit des Menschen ist die Ruhmsucht, aber eben dies ist das größte Zeichen seiner Vortrefflichkeit; denn welchen Besitz er auch auf der Erde habe, welche Gesundheit und welche wirkliche Bequemlichkeit, – er ist nicht zufrieden, wenn er nicht bei den Menschen in Achtung steht. Er schätzt die Vernunft des Menschen so hoch ein, daß er, welches Vorrecht er auch auf der Erde habe, nicht zufrieden ist, wenn er nicht auch in der Vernunft des Menschen einen bevorrechteten Platz hat. Das ist der schönste Ort der Welt, nichts kann ihn von diesem Wunsch abbringen, und das ist die unauslöschlichste Eigenschaft des Menschenherzens.
Und die, welche die Menschen am tiefsten verachten und sie den Tieren gleichstellen, – sie noch wollen, daß man sie darum bewundert und ihnen glaubt; sie widersprechen sich selber durch ihr eigenes Gefühl, indem ihre Natur, die stärker ist

als alles, sie stärker von der Größe des Menschen überzeugt, als die Vernunft sie von ihrer Niedrigkeit überzeugt. (404)

Wenn der Mensch nicht für Gott geschaffen ist, – warum ist er nur glücklich in Gott? Wenn der Mensch für Gott geschaffen ist, – warum ist er Gott so entgegen? (438)

Diese Doppelheit des Menschen ist so offensichtlich, daß es Leute gibt, die gedacht haben, wir hätten zwei Seelen. Ein einfaches Subjekt erschien ihnen unfähig zu derartigen und so plötzlichen Übergängen von einem maßlosen Dünkel zu einer entsetzlichen Niedergeschlagenheit des Herzens. (417)

... Grösse und Elend. – Da sich das Elend aus der Größe und die Größe aus dem Elend erschließen läßt, haben die einen das Elend um so viel eher erschlossen, als sie dafür zum Beweis die Größe nahmen, und die andern haben die Größe mit um so stärkerem Nachdruck erschlossen, als sie sie aus dem Elend selbst erschlossen haben; so hat alles, was die einen sagen konnten, um die Größe aufzuweisen, den andern nur zu einem

Argument gedient, um das Elend zu erschließen, da man um so elender ist, aus je größerer Höhe man gefallen ist; und den andern ging es umgekehrt. Sie haben sich aufeinander bezogen in einem Zirkel ohne Ende: denn es ist sicher, daß die Menschen in dem Maße, wie sie Einsicht haben, sowohl Größe als auch Elend im Menschen finden. In einem Wort: der Mensch erkennt, daß er elend ist: er ist also elend, weil er es ist; aber er ist sehr groß, da er es erkennt. (416)

Die Größe des Menschen ist darin groß, daß er sich als elend erkennt. Ein Baum erkennt sich nicht als elend.
Das also heißt elend sein, sich als elend zu erkennen; aber es heißt groß sein, zu erkennen, daß man elend ist. (397)

All dieses Elend beweist eben seine Größe; es ist das Elend eines großen Herrn, das Elend eines entthronten Königs. (398)

Es ist gefährlich, den Menschen zu deutlich sehen zu lassen, wie sehr er den Tieren gleicht, ohne ihm seine Größe zu zeigen. Es ist weiter gefährlich, ihn zu sehr seine Größe sehen zu lassen ohne seine

Niedrigkeit. Noch gefährlicher ist es, ihn beides nicht wissen zu lassen. Aber es ist sehr vorteilhaft, ihm beides vor Augen zu stellen.

Der Mensch soll weder glauben, er gleiche den Tieren oder den Engeln, noch soll er in Unkenntnis über beides sein, sondern beides soll er wissen.

(418)

Wenn er sich rühmt, erniedrige ich ihn, wenn er sich erniedrigt, rühme ich ihn; und ich widerspreche ihm immer, bis er begreife, daß er ein unbegreifliches Ungeheuer ist. (420)

Widersprüche. Nachdem die Niedrigkeit und die Grösse des Menschen gezeigt sind. – Möge der Mensch jetzt seinen Wert einschätzen; er soll sich lieben, denn es gibt in ihm eine des Guten fähige Natur, aber er soll um dessentwillen nicht die Niedrigkeiten lieben, die darin sind. Er soll sich verachten, weil diese Fähigkeit nichtig ist; aber er soll um dessentwillen nicht diese natürliche Fähigkeit verachten. Er soll sich hassen, er soll sich lieben: er hat in sich die Fähigkeit, die Wahrheit zu erkennen und glücklich zu sein; aber er besitzt keinerlei Wahrheit, die beständig oder befriedigend wäre.

Ich möchte also den Menschen dahin bringen, daß er wünsche, eine solche zu finden, daß er bereit und frei von Leidenschaften sei, um ihr zu folgen, wo er sie finden wird, wissend, wie sehr seine Erkenntnis sich durch die Leidenschaften verdunkelt hat; ich wünschte sehr, daß er in sich die Begehrlichkeit hasse, die ihn von sich aus bestimmt, damit sie ihn nicht verblende, wenn er seine Wahl trifft, und ihn nicht aufhalte, wenn er gewählt haben wird. (423)

DER MENSCH ZWISCHEN UNENDLICHKEIT UND NICHTS

Missverhältnis des Menschen . . . . Der Mensch betrachte also die ganze Natur in ihrer hohen und vollen Majestät, er wende seinen Blick ab von den niedrigen Dingen, die ihn umgeben. Er schaue jenes strahlende Licht an, das wie eine ewige Lampe gesetzt ist, das All zu erleuchten; die Erde erscheine ihm wie ein Punkt im Vergleich mit der weiten Bahn, die dieses Gestirn beschreibt, und er staune darüber, daß diese weite Bahn selbst nur eine sehr feine Spitze ist im Vergleich mit der, welche die Sterne umschreiben, die im Firmament kreisen. Aber wenn unser Blick da anhält, soll die Einbildungskraft weiterdringen; sie wird eher ermüden im Empfangen, als die Natur im Spenden. Diese ganze sichtbare Welt ist nur ein unmerklicher Strich im weiten Schoß der Natur. Keine Vorstellung reicht daran heran. Umsonst blähen wir unsere Fassungskraft auf, über die vorstellbaren Räume hinaus: wir gebären nur Atome, gemessen an der Wirklichkeit der Dinge. Sie ist eine unendliche Kugel, deren Mittelpunkt überall, deren Umfang nirgends ist. Schließlich ist das der größte, sinnlich faßbare Ausdruck der Allmacht Gottes; unsere Einbildungskraft verliere sich in diesem Gedanken.

Der Mensch, zu sich zurückgekehrt, bedenke, was er ist, im Vergleich mit dem, was ist; er betrachte sich als verirrt in diesen entlegenen Winkel der Natur; und von diesem kleinen Kerker aus, in dem er sich untergebracht findet – ich meine das All –, lerne er, die Erde, die Königreiche, die Städte und sich selber richtig einzuschätzen. Was ist ein Mensch im Unendlichen?

Aber um ihm ein anderes, ebenso erstaunliches Wunder vor Augen zu stellen: er forsche in dem, was er kennt, nach den feinsten Dingen. Eine Milbe biete ihm in der Kleinheit ihres Körpers unvergleichlich viel kleinere Teile dar, Beine mit Gelenken, Adern in diesen Beinen, Blut in diesen Adern, Säfte in diesem Blut, Tropfen in diesen Säften, Dämpfe in diesen Tropfen; wenn er auch noch diese letzten Dinge teilt, erschöpfe er seine Kraft in diesen Vorstellungen, und der letzte Gegenstand, bis zu dem hin er zu gelangen vermag, sei jetzt der unserer Abhandlung; er wird vielleicht denken, da sei die äußerste Kleinheit der Natur. Ich will ihn darin einen neuen Abgrund schauen lassen. Ich will ihm nicht allein das sichtbare All darstellen, sondern auch die Unermeßlichkeit der Natur, die man in der Umgrenzung dieses Bruchstückes eines Atomes erfassen kann. Er schaue dort eine Unendlichkeit von Welten, deren jede ihr Firmament hat, ihre Planeten, ihre Erde, im selben Verhältnis wie die sichtbare Welt; auf dieser Erde Tiere, und endlich Milben, in denen er wiederfinden wird, was jene ersten gezeigt haben; und wenn er auch in diesen andern dasselbe finden wird, ohne Ende und ohne Ruhe, dann möge er sich in diesen Wundern verlieren, die in ihrer Kleinheit ebenso erstaunlich sind wie die andern durch ihre Weite; denn wer wird sich nicht darüber verwundern, daß unser Leib, der eben noch nicht wahrnehmbar war im All, das selber unwahrnehmbar war im Schoße des Ganzen, jetzt ein Koloß ist, eine Welt oder vielmehr ein Alles, verglichen mit dem Nichts, zu dem man nicht vordringen kann?

Wer sich so betrachten wird, wird vor sich selber erschrecken, und wenn er sich in der Masse, die die Natur ihm gegeben hat, zwischen diesen beiden Abgründen des Unendlichen und des Nichts, gehalten sieht, wird er im Anblick dieser Wunder erzittern; und ich glaube, wenn seine Neugierde sich in Bewunderung wandelt, wird er eher geneigt sein, sie schweigend anzuschauen, als ihnen in Anmaßung nachzuspüren.

Denn schließlich, was ist der Mensch in der Natur? Ein Nichts im Hinblick auf das Unendliche, ein Alles im Hinblick auf das Nichts, eine Mitte zwischen Nichts und Allem. Unendlich entfernt davon, die Extreme zu begreifen, sind ihm das Ende der Dinge und ihr Ursprung unüberwindlich verborgen in einem undurchdringlichen Geheimnis; er ist gleichermaßen unfähig, das Nichts zu sehen, aus dem er gezogen ist, und das Unendliche, in das er verschlungen ist. Was bleibt ihm also zu tun, außer etwa einen Schein von der Mitte der Dinge wahrzunehmen, in einer ewigen Verzweiflung, weder ihren Ursprung noch ihr Ende zu erkennen? Alle Dinge sind hervorgegangen aus dem Nichts und getragen bis an das Unendliche. Wer wird diesen erstaunlichen Schritten folgen? Der Urheber dieser Wunder begreift sie. Kein anderer vermag es.

Weil die Menschen diese Unendlichen nicht bedacht haben, haben sie sich vermessen an die Erforschung der Natur gemacht, als ob sie irgendein gleiches Maß mit ihr hätten. Das ist eine seltsame Sache, daß sie die Prinzipien der Dinge haben begreifen und von da bis zur Erkenntnis des Ganzen gelangen wollen, in einer Anmaßung, die ebenso unendlich ist wie ihr Gegenstand; denn es ist kein Zweifel, daß man diesen Plan nicht fassen kann ohne eine Anmaßung oder eine Fassungskraft, unendlich wie die Natur . . .

Erkennen wir daher unsere wahre Reichweite: wir sind etwas und sind nicht alles; das, was wir an Sein haben, beraubt uns der Erkenntnis der ersten Prinzipien, die dem Nichts entwachsen; und das Wenige an Sein, das wir haben, verdeckt uns den Anblick des Unendlichen.

Unsere Einsicht steht in der Ordnung der geistigen Dinge auf der gleichen Stufe wie unser Leib in der Weite der Natur.

Da wir in jeder Weise begrenzt sind, findet sich

diese Verfassung, die die Mitte zwischen zwei Extremen hält, in all unseren Vermögen. Unsere Sinne nehmen nichts Extremes wahr: zu viel Lärm betäubt uns, zu viel Licht blendet, zu viel Ferne und zu viel Nähe hindern den Blick, zu viel Länge und zu viel Kürze verdunkeln die Rede, zu viel Wahrheit macht uns benommen – ich kenne einige, die nicht begreifen können, daß, wenn einer von null vier wegnimmt, null bleibt –; die ersten Prinzipien haben zu viel Evidenz für uns, zu viel Vergnügen ist lästig, zu viel Harmonien mißfallen in der Musik, und zu viel Wohltaten reizen auf: wir wollen etwas haben, um die Schuld im Übermaß zurückzuzahlen ... Wir fühlen weder die äußerste Hitze noch die äußerste Kälte. Die übermäßigen Qualitäten sind uns feind und nicht wahrnehmbar: wir empfinden sie nicht mehr, wir erleiden sie. Zu viel Jugend und zu viel Alter, zu viel und zu wenig Belehrung hindern den Geist; kurz, die Extreme sind für uns, als ob sie nicht wären, und in bezug auf sie sind wir nicht: sie entschlüpfen uns, oder wir ihnen.

Das ist unser wahrer Stand im Dasein; das ist es, was uns unfähig macht, sicher zu wissen und schlechthin unwissend zu sein. Wir treiben dahin auf einer unermeßlichen Mitte, immer ungewiß und schwankend, von einem Ende zum anderen gestoßen. An welchem Ziel auch immer wir gedachten, festzumachen und Halt zu gewinnen, es wankt und läßt uns fahren; und wenn wir ihm folgen, entwindet es sich unseren Griffen, entgleitet uns und entflieht in einer ewigen Flucht. Nichts hält für uns an. Das ist der Zustand, der uns natürlich ist und gleichwohl unserer Neigung zuhöchst widerstreitet. Wir brennen vor Begier, einen festen Stand und eine letzte, beständige Grundlage zu finden, um darauf einen Turm zu erbauen, der sich ins Unendliche erhebe; aber unser ganzes Fundament birst, und die Erde öffnet sich bis zu den Abgründen.

Suchen wir also keine Sicherung und keine Festigkeit. Unsere Vernunft wird immer betrogen von der Unbeständigkeit der Erscheinungen; nichts kann das Endliche festbannen zwischen den beiden Unendlichen, die es umschließen und es fliehen.

Wenn man dies recht begriffen hat, wird man sich, glaube ich, ruhig verhalten, jeder in dem Stand, in den ihn die Natur gestellt hat. Da diese Mitte, die uns als Teil zugefallen ist, von den Extremen stets fern ist, was macht es da aus, wenn ein Mensch ein wenig mehr Einsicht in die Dinge hat? Hat er das,

so betrachtet er sie von etwas höherer Warte: ist er nicht immer noch unendlich weit vom Ende entfernt, und ist die Dauer unseres Lebens nicht gleichermaßen unendlich weit entfernt von der Ewigkeit, ob sie auch zehn Jahre länger währt?
Im Angesicht dieser Unendlichen sind alle endlichen Dinge gleich; und ich sehe nicht, warum man seine Einbildungskraft mehr auf das eine als auf das andere gründen solle. Allein schon der Vergleich, den wir zwischen uns und dem Endlichen anstellen, macht uns Mühe.
Wenn der Mensch zuerst sich selbst erforschte, würde er sehen, wie unfähig er ist, darüber hinauszugehen. Wie könnte es sein, daß ein Teil das Ganze erkennte? – Doch wird er vielleicht danach trachten, wenigstens die Teile zu erkennen, mit denen er gleiches Maß hat? – Aber die Teile der Welt haben alle untereinander einen solchen Zusammenhang und eine solche Verkettung, daß ich es für unmöglich halte, den einen ohne den andern und ohne das Ganze zu erkennen.
Der Mensch steht zum Beispiel in Zusammenhang mit allem, was er kennt. Er braucht Raum, der ihn umfasse, Zeit, um zu dauern, Bewegung, um zu leben, Elemente, die ihn zusammensetzen, Wärme und Speise, um sich zu nähren, Luft, um

zu atmen; er sieht das Licht, er fühlt die Körper; kurz, alles gerät in Verbindung mit ihm. Um also den Menschen zu erkennen, muß man wissen, woher es kommt, daß er Luft braucht, um zu bestehen; und um die Luft zu erkennen, muß man wissen, woher sie diese Beziehung zum Leben des Menschen hat, usw. Die Flamme existiert nicht ohne die Luft; um daher das eine zu erkennen, muß man das andere erkennen.

Alle Dinge also sind verursacht und verursachend, Hilfe erhaltend und helfend, mittelbar und unmittelbar, und alle halten sich untereinander durch ein natürliches und unmerkliches Band, das die entferntesten und verschiedensten verknüpft; daher halte ich es für unmöglich, die Teile zu erkennen, ohne das Ganze zu erkennen, und ebenso, das Ganze zu erkennen, ohne die Teile im einzelnen zu erkennen.

Die Ewigkeit der Dinge in ihr selbst oder in Gott muß weiterhin unsere kurze Dauer in Staunen versetzen. Die feste und beständige Unbeweglichkeit der Natur, verglichen mit der fortgesetzten Veränderung, die sich in uns abspielt, muß die nämliche Wirkung haben.

Und was unsere Ohnmacht, die Dinge zu erkennen, vollendet, das ist, daß sie in sich selbst einfach sind, und daß wir aus zwei entgegengesetzten und verschiedenartigen Naturen zusammengesetzt sind, aus Seele und Leib. Denn es ist unmöglich, daß der Teil in uns, der denkt, anders als geistig sei, und wenn man behaupten wollte, wir seien einfachhin körperlich, dann würde uns das noch viel mehr von der Erkenntnis der Dinge ausschließen; denn es gibt nichts so Unbegreifliches, als zu sagen, die Materie erkenne sich selbst; es ist uns nicht möglich, zu erkennen, wie sie sich erkennen würde.

Wenn wir also einfachhin stofflich sind, können wir überhaupt nichts erkennen, und wenn wir aus Geist und Materie zusammengesetzt sind, können wir die einfachen Dinge, geistige oder körperliche, nicht vollkommen erkennen . . . Wer würde nicht glauben, wenn er sieht, wie wir alle Dinge aus Geist und Körper zusammensetzen, daß uns diese Mischung sehr begreiflich sei? Gleichwohl ist es das, was man am allerwenigsten begreift. Der Mensch ist für sich selbst der wunderbarste Gegenstand der Natur, denn er kann nicht erfassen, was Körper ist, und noch weniger, was Geist ist, und weniger als irgend etwas anderes, wie ein Körper mit einem Geist vereinigt sein kann. Hier ist der Gipfel seiner Schwierigkeiten, und gleichwohl ist das sein eigenes Wesen . . . (72)

Das ewige Schweigen dieser unendlichen Räume macht mich schaudern. (206)

Während ich meinen Gedanken niederschreibe, entschlüpft er mir mitunter; aber das erinnert mich an meine Schwäche, die ich alle Augenblicke vergesse; das belehrt mich ebensosehr wie mein vergessener Gedanke, denn ich strebe nur danach, mein Nichts zu erkennen. (372)

VOM TOD UND VON DER VERGÄNGLICHKEIT

Zerrinnen. – Entsetzlich ist es, zu spüren, wie alles, was man besitzt, zerrinnt. (212)

Nichts gefällt uns als der Kampf, nicht aber der Sieg: man sieht gerne die Kämpfe der Tiere, nicht aber den wütenden Sieger über dem Besiegten; was wollte man sehen, wenn nicht das siegreiche Ende? Und sobald es kommt, ist man seiner satt. Ebenso ist es im Spiel, ebenso bei der Suche nach der Wahrheit: man liebt es, in den Wortgefechten den Kampf der Meinungen zu sehen, aber ganz und gar nicht, sich in die gefundene Wahrheit zu versenken; um zu bewirken, daß man mit Vergnügen auf die hinblicke, muß man zeigen, wie sie aus dem Wortstreit entsteht. Ebenso macht es bei den Leidenschaften Vergnügen, zu sehen, wie zwei entgegengesetzte aneinander geraten; aber wenn eine über die andere herrscht, dann ist das nur noch rohe Gewalt. Wir suchen niemals die Dinge, sondern die Suche nach den Dingen. So sind in den Schauspielen die harmlosen Szenen ohne Furcht nichts wert, auch nicht das äußerste Elend ohne Hoffnung, noch die brutale Liebe, noch die rauhe Strenge. (135)

Unbeständigkeit. – Die Dinge haben verschiedene Eigenschaften, und die Seele hat verschiedene Neigungen; denn nichts von dem, was sich der Seele darbietet, ist einfach, und niemals bietet sich die Seele irgendeinem Gegenstand einfach dar. Daher kommt es, daß man über ein Gleiches weint und lacht. (112)

Wenn ich die kurze Dauer meines Lebens betrachte, eingesogen in die Ewigkeit, die ihm vorausgeht und ihm folgt, den kleinen Raum, den ich erfülle, ja den ich erblicke, gestürzt in den Abgrund der unendlichen Unermeßlichkeit der Räume, von denen ich nichts weiß und die von mir nichts wissen, dann schaudere ich und wundere mich darüber, mich eher hier zu sehen als dort; denn es gibt keinen Grund, warum ich eher hier bin als dort, warum eher jetzt als dann: wer hat mich da hingestellt? Auf wessen Geheiß und Führung sind dieser Ort und diese Zeit mir bestimmt worden? Memoria hospitis unius diei praetereuntis[9]. (205)

Zwischen uns und der Hölle oder dem Himmel gibt es nur das Leben zwischen zweien, das das zerbrechlichste Ding der Welt ist. (213)

Wir sind spaßig, uns in der Gesellschaft von unsresgleichen auszuruhen; elend wie wir, ohnmächtig wie wir, werden sie uns nicht helfen; man wird allein sterben. Man muß also tun, als wäre man allein; und würde man dann prächtige Häuser erbauen usw.? Man würde ohne Zögern die Wahrheit suchen; und wenn man das zurückweist, dann bezeugt man, daß man die Achtung der Menschen höher stellt als die Suche nach der Wahrheit. (211)

Man stelle sich eine Anzahl von Menschen vor, in Ketten und alle zum Tode verurteilt, von denen alle Tage einige vor den Augen der andern erwürgt werden; die übrigbleiben, erblicken ihre eigene Lage in der ihrer Gefährten, schauen einander mit Schmerz und ohne Hoffnung an und warten, bis die Reihe an sie kommt. Das ist das Bild von der Lage des Menschen. (199)

Der letzte Akt ist blutig, wie schön auch die Komödie in allem Übrigen sei: man wirft zuletzt Erde auf den Kopf, – und damit aus für immer.

(210)

VON DER OHNMACHT DER VERNUNFT

Alles, was unbegreiflich ist, läßt nicht ab zu sein.

(430b)

Die Welt urteilt richtig über die Dinge, denn sie befindet sich in der natürlichen Unwissenheit, die der wahre Aufenthalt des Menschen ist. Die Wissenschaften haben zwei Extreme, die sich berühren; das erste ist die reine natürliche Unwissenheit, in der sich alle Menschen bei ihrer Geburt befinden; das andere Extrem ist diejenige, zu der die großen Seelen gelangen, die, nachdem sie alles durchlaufen haben, was die Menschen wissen können, entdecken, daß sie nichts wissen, und sich in der gleichen Unwissenheit wiederfinden, von der sie ausgegangen waren; aber das ist eine wissende Unwissenheit, die sich erkennt. Diejenigen zwischen den beiden, die aus der natürlichen Unwissenheit herausgetreten sind und zu der andern nicht zu gelangen vermochten, haben nur eine Art Firnis von jener Wissenschaft, die sich selbst genügt, und spielen die Klugen; sie sind es, die die Welt verwirren und über alles verkehrt urteilen. Das Volk und die Wissenden bestimmen den Gang der Welt; jene verachten ihn und werden verachtet. Sie urteilen verkehrt über alle Dinge, und die Welt urteilt richtig darüber. (327)

... Der Philosophie spotten, das heißt wahrhaft philosophieren. (4)

... Zwei Arten von Menschen gibt es, die erkennen: die, welche ein demütiges Herz haben und die Niedrigkeit lieben, welche Stufe des Geistes sie auch einnehmen mögen, hoch oder tief; oder die, welche genügend Geist haben, um die Wahrheit zu sehen, welches Widerstreben sie auch dagegen haben mögen. (288)

Philosophen. – Schöne Sache, einem Menschen, der sich nicht kennt, zuzurufen, er solle von sich aus zu Gott gehen! Und schöne Sache, es einem Menschen zu sagen, der sich kennt! (509)

Unterwerfung. – Man muß verstehen zu zweifeln, wo es notwendig ist, zu sichern, wo es notwendig ist, und sich zu unterwerfen, wo es notwendig ist. Wer nicht so handelt, versteht nicht die Kraft der Vernunft. Es gibt einige, die sich gegen diese drei Grundsätze verfehlen, indem sie entweder alles als beweisend versichern, weil sie sich im Beweisen nicht auskennen; oder indem sie an allem zweifeln, weil sie nicht wissen, wo man sich unterwerfen muß; oder indem sie sich in allem unterwerfen, weil sie nicht wissen, wo man urteilen muß. (268)

Der letzte Schritt der Vernunft ist es, anzuerkennen, daß es eine Unendlichkeit von Dingen gibt, die sie übersteigen; sie ist nur schwach, wenn sie nicht soweit geht, das zu erkennen.
Wenn schon die natürlichen Dinge sie übersteigen, was wird man von den übernatürlichen sagen? (267)

Nichts ist der Vernunft so gemäß wie diese Verleugnung der Vernunft. (272)

VOM GLAUBEN

Die Philosophen schrieben keine Gefühle vor, die den beiden Zuständen gemäß wären.
Sie flößten Regungen reiner Größe ein, und das ist nicht der wahre Zustand des Menschen.
Sie flößten Regungen reiner Niedrigkeit ein, und das ist nicht der wahre Zustand des Menschen.
Es braucht Regungen der Niedrigkeit, nicht von Natur, sondern aus Buße; nicht um darin zu verharren, sondern um sich zur Größe aufzumachen.
Es braucht Regungen der Größe, nicht aus Verdienst, sondern aus Gnade, und nachdem man die Niedrigkeit durchschritten hat. (525)

... Alle Menschen trachten danach, glücklich zu

sein; das gilt ohne Ausnahme; was für verschiedene Mittel sie auch dabei anwenden, sie streben alle nach diesem Ziel. Was bewirkt, daß die einen in den Krieg ziehen und die andern nicht, das ist dieses selbe Verlangen, das in allen beiden lebt, aber von verschiedenen Gesichtspunkten begleitet. Der Wille macht niemals den mindesten Schritt, außer auf dieses Ziel zu. Das ist der Beweggrund aller Handlungen aller Menschen, bis hin zu denen, die sich erhängen wollen.
Und gleichwohl ist, seit einer so großen Zahl von Jahren, nie jemand ohne den Glauben zu diesem Punkt gelangt, auf den es alle beständig abgesehen haben. Alle beklagen sich: Fürsten, Untertanen; Edelleute, Bürger; Alte, Junge; Starke, Schwache; Gelehrte, Unwissende; Gesunde, Kranke; aus allen Ländern, aus allen Zeiten, aus allen Lebensaltern und aus allen Lebensumständen.
Ein so langer, so anhaltender und so gleichförmiger Versuch sollte uns wohl von unserer Ohnmacht überzeugen, durch unsere Anstrengungen zum Glück zu gelangen. Aber das Beispiel belehrt uns wenig; es ist niemals so völlig ähnlich, daß es nicht irgendeinen feinen Unterschied gäbe; und daher erwarten wir, daß unsere Erwartung bei

dieser Gelegenheit nicht ebenso getäuscht werden wird wie bei der anderen. Und da uns so die Gegenwart niemals zufriedenstellt, narrt uns die Erfahrung und führt uns von Unglück zu Unglück, bis zum Tode, der dessen ewiges Übermaß ist.

Was schreit uns also diese Gier und diese Ohnmacht zu, wenn nicht dies, daß es einstmals im Menschen ein wahres Glück gegeben hat, von dem ihm jetzt nur mehr das Zeichen und die ganz leere Spur verbleibt, und daß er vergeblich versucht, sie mit all dem zu erfüllen, was ihn umgibt, indem er bei den abwesenden Dingen die Hilfe sucht, die er von den anwesenden nicht erhält, die aber dazu ganz unfähig sind, weil dieser unendliche Abgrund nur ausgefüllt werden kann durch einen unendlichen und unwandelbaren Gegenstand, nämlich durch Gott selbst?

Er allein ist sein wahres Gut; und es ist seltsam, daß es, seit er ihn verlassen hat, in der Natur nichts gibt, das nicht fähig gewesen wäre, an seine Stelle zu treten: Gestirne, Himmel, Erde, Elemente, Pflanzen, Kohl, Lauch, Tiere, Insekten, Kälber, Schlangen, Fieber, Pest, Krieg, Hungersnot, Laster, Ehebruch, Blutschande. Und seit er das wahre Gut verloren hat, kann ihm alles gleichermaßen als solches erscheinen, bis zu seiner eigenen Zerstörung, obgleich so sehr im Widerspruch zu Gott, zur Vernunft und zur gesamten Natur . . . (425)

Nichts gibt es auf Erden, das nicht entweder das Elend des Menschen, oder die Erbarmung Gottes zeigte; entweder die Ohmacht des Menschen ohne Gott, oder die Macht des Menschen mit Gott. (562)

Ich tadle gleicherweise die, welche sich entschließen, den Menschen zu loben, und die, welche sich entschließen, ihn zu tadeln, und die, welche sich entschließen, sich zu zerstreuen; und ich kann nur die billigen, die mit Seufzen suchen. (421)

Gut ist es, ermattet und müde zu sein durch die vergebliche Suche nach dem wahren Gut, um die Arme nach dem Erlöser auszustrecken. (422)

VON DER ORDNUNG DES HERZENS

. . . Das Herz hat seine Ordnung; der Geist hat die seine, die sich in Grundsatz und Beweis vollzieht, das Herz hat eine andere. Man beweist nicht, daß man geliebt werden muß, indem man der Ordnung nach die Ursachen der Liebe auseinandersetzt: das wäre lächerlich.

Jesus Christus, der heilige Paulus, haben die Ordnung der Liebe, nicht des Geistes; denn sie wollten entzünden, nicht unterweisen; der heilige Augustinus desgleichen: diese Ordnung besteht hauptsächlich in der Abschweifung über jeden Punkt hinaus, den man auf das Ende bezieht, um es immer zu zeigen. (283)

Der unendliche Abstand der Körper von den Geistern ist ein Abbild des unendlich unendlicheren Abstandes der Geister von der Liebe[10], denn sie ist übernatürlich.
Aller Schimmer der irdischen Größe hat keinen Glanz für die Menschen, die in den Forschungen des Geistes stehen.
Die Größe der Menschen des Geistes ist unsichtbar für die Könige, die Reichen, die Feldherrn, für alle diese Menschen des Fleisches.
Die Größe der Weisheit, die nichtig ist, außer sie komme von Gott, ist unsichtbar für die Fleischlichen und die Menschen des Geistes. Das sind drei Ordnungen von verschiedener Art.
Die großen Genies haben ihr Reich, ihren Glanz, ihre Größe, ihren Sieg, ihren Schimmer, und bedürfen nicht der fleischlichen Größe, die mit der ihrigen gar nichts zu tun hat. Sie werden nicht von den Augen, sondern von den Geistern gesehen; das genügt. Die Heiligen haben ihr Reich, ihren Glanz, ihren Sieg, ihren Schimmer, und bedürfen nicht der fleischlichen oder geistigen Größe, mit der die ihrige gar nichts zu tun hat, denn sie fügt ihr nichts hinzu und nimmt nichts weg. Sie werden von Gott und von den Engeln geschaut und nicht von den Körpern noch von den neugierigen

Geistern: Gott genügt ihnen.
Archimedes stünde auch ohne Glanz in derselben Verehrung. Er hat keine Schlachten geschlagen, die in die Augen fallen, aber er hat allen Geistern seine Erfindungen geschenkt. Oh, wie hat er den Geistern geleuchtet!
Jesus Christus, ohne Habe und ohne irgend Wissenschaft hervorzubringen, steht in seiner Ordnung der Heiligkeit. Er hat uns keine Erfindung geschenkt, er hat nicht geherrscht, aber er ist demütig gewesen, geduldig, heilig, heilig vor Gott, schrecklich den Dämonen, ohne jede Sünde. Oh, wie ist er gekommen in großer Pracht und in einer wunderbaren Herrlichkeit, für die Augen des Herzens, die die Weisheit schauen.
Es wäre für Archimedes müßig gewesen, in seinen geometrischen Büchern den Fürsten zu spielen, obgleich er es war. Es wäre für unsern Herrn Jesus Christus müßig gewesen, als König zu kommen, um in seinem Reich der Heiligkeit zu glänzen; aber er ist sehr wohl dorthin gekommen mit dem Glanze seiner Ordnung!
Es ist recht lächerlich, an der Niedrigkeit Jesu Christi Ärgernis zu nehmen, als ob diese Niedrigkeit aus derselben Ordnung stammte wie die Größe, die zu offenbaren er kam. Man betrachte

diese Größe in seinem Leben, in seinem Leiden, in seiner Verborgenheit, in seinem Tode, in der Erwählung der Seinen, in ihrer Verlassenheit, in seiner geheimen Auferstehung und in allem übrigen: man wird sie so groß sehen, daß man keinen Anlaß haben wird, Ärgernis zu nehmen an einer Niedrigkeit, die da nicht ist.

Aber es gibt einige, die nur die fleischliche Größe bewundern können, als ob es keine geistige gäbe; und andere, die nur die geistige bewundern, gleich als ob es nicht eine unendlich höhere in der Weisheit gäbe.

Alle Körper, das Firmament, die Sterne, die Erde und ihre Königreiche wiegen nicht den Geringsten der Geister auf; denn er erkennt dies alles und sich selbst; und die Körper erkennen nichts.

Alle Körper zusammen und alle Geister zusammen und alle ihre Leistungen wiegen nicht die geringste Regung der Liebe auf. Diese gehört einer unendlich erhabeneren Ordnung an. Aus allen Körpern zusammen könnte man nicht einen kleinen Gedanken zustandebringen; das ist unmöglich und gehört einer anderen Ordnung an. Aus allen Körpern und Geistern könnte man keine Regung wahrer Liebe gewinnen, das ist unmöglich und gehört einer andern, übernatürlichen Ordnung an. (793)

Das Herz hat seine Vernunftgründe, die die Vernunft nicht kennt[11]; man erfährt es in tausend Dingen. Ich sage, daß das Herz von Natur das allumfassende Wesen und von Natur sich selber liebt, je nachdem es sich einem hingibt; und es verhärtet sich gegen das eine oder das andere je nach seiner Wahl. Ihr habt das eine verworfen und das andere bewahrt: geschieht es aus Vernunft, daß ihr euch liebt? (277)

Es ist das Herz, das Gott fühlt, und nicht die Vernunft; das ist der Glaube: Gott fühlbar dem Herzen, nicht der Vernunft. (278)

VON DER WAHRHEIT DES CHRISTENTUMS

Wenn ich die Verblendung und das Elend des Menschen sehe, wenn ich das ganze stumme All betrachte und den Menschen ohne Licht, sich selbst überlassen und wie verirrt in diesen Winkel des Alls, ohne zu wissen, wer ihn da hingestellt hat, was er da soll, was er werden wird, wenn er stirbt, unfähig jeder Erkenntnis, – dann gerate ich in Entsetzen, wie ein Mensch, den man schlafend auf eine verlassene und schreckliche Insel gebracht hätte, und der erwachte, ohne zu erkennen, wo er ist, und ohne Möglichkeit, von dort zu entkommen. Und überdies wundere ich mich, wie man über eine so erbärmliche Lage nicht in Verzweiflung gerät. Ich sehe andere Menschen von ähnlicher Natur neben mir: ich frage sie, ob sie besser unterrichtet sind als ich; sie sagen mir: Nein. Und weiter, nachdem diese elenden Verirrten sich umgeschaut und einiges gesehen haben, was ihnen gefällt, haben sie sich dem hingegeben und sich daran gehängt. Ich aber, ich habe mich nicht daran zu hängen vermocht, und indem ich überlegte, wie viel wahrscheinlicher es ist, daß es noch anderes gibt, als was ich sehe, habe ich geforscht, ob dieser Gott nicht irgendein Zeichen seiner selbst gelassen habe.

Ich sehe mehrere einander widersprechende Religionen, die folglich alle falsch sind, außer einer. Jede will, daß man auf Grund ihrer eigenen Autorität an sie glaube, und bedroht die Ungläubigen: ich glaube also daraufhin nicht an sie. Jeder kann das sagen, jeder kann sich Prophet nennen. Aber ich sehe die christliche Religion, in der ich Prophezeiungen finde, und das kann nicht jeder leisten. (693)

Wenn man sich nicht selber voll von Hochmut, Ehrgeiz, Begehrlichkeit, Schwäche, Elend und

Ungerechtigkeit weiß, ist man recht verblendet. Und wenn man dies erkennt und nicht wünscht, davon befreit zu werden, was kann man von einem solchen Menschen sagen . . .?
Was kann man also anderes haben als Achtung für eine Religion, die so gut die Mängel des Menschen kennt, und was anderes als Sehnsucht nach der Wahrheit einer Religion, die so wünschenswerte Heilmittel dafür verspricht? (450)

Die wahre Religion müßte die Größe und das Elend lehren, zur Achtung und zur Verachtung seiner selbst leiten, zur Liebe und zum Haß. (494)

. . . Soll eine Religion wahr sein, so muß sie unsere Natur erkannt haben. Sie muß die Größe und die Kleinheit erkannt haben und den Grund der einen und der anderen. Wer hat sie erkannt, außer der christlichen? (433)

. . . Die Größe und das Elend des Menschen sind so sichtbar, daß die wahrhafte Religion uns notwendig darüber belehren muß, sowohl daß es irgendein großes Prinzip der Größe, als auch daß es ein großes Prinzip des Elends im Menschen gibt. Sie muß uns also über diese erstaunlichen Widersprüche Rechenschaft ablegen.

Um den Menschen glücklich zu machen, muß sie ihm zeigen, daß es einen Gott gibt; daß man verpflichtet ist, ihn zu lieben; daß unsere wahre Glückseligkeit darin besteht, in ihm zu sein, und unser einziges Unheil, von ihm getrennt zu sein; sie muß anerkennen, daß wir voll von Finsternissen sind, die uns daran hindern, ihn zu erkennen und ihn zu lieben; und daß wir so, indem unsere Pflichten uns nötigen, Gott zu lieben, und unsere Begehrlichkeiten uns davon ablenken, voller Ungerechtigkeit sind. Sie muß uns Rechenschaft geben von diesen Widerständen, die wir gegen Gott und gegen unser eigenes Heil haben. Sie muß uns die Heilmittel gegen unsere Ohnmachten lehren und die Mitel, diese Heilmittel zu erlangen. Man prüfe daraufhin alle Religionen der Welt, und man sehe, ob es eine andere als die christliche gibt, die hierin befriedige.

... Laßt uns sehen, was die Weisheit Gottes tun wird: Erwartet, sagt sie, weder Wahrheit noch Trost von den Menschen. Ich bin es, die euch gestaltet hat, und die allein euch lehren kann, wer ihr seid. Aber ihr seid jetzt nicht mehr in dem Stande, in dem ich euch gestaltet habe. Ich habe den Menschen heilig, unschuldig, vollkommen geschaffen; ich habe ihn mit Licht und Einsicht erfüllt; ich habe ihm meine Herrlichkeit und meine Wunder mitgeteilt. Das Auge des Menschen schaute damals die Majestät Gottes. Er war damals nicht in den Finsternissen, die ihn blind machen, noch in der Sterblichkeit und in den Elendigkeiten, die ihn heimsuchen. Aber er hat so viel Herrlichkeit nicht ertragen können, ohne in die Anmaßung zu fallen; er hat sich zum Mittelpunkt seiner selbst und unabhängig von meiner Hilfe machen wollen; er hat sich meiner Herrschaft entzogen; und da er sich durch das Verlangen, seine Glückseligkeit in sich selber zu finden, mir gleichstellte, habe ich ihn sich selber überlassen; und indem ich die Geschöpfe, die ihm unterworfen waren, aufsässig machte, habe ich sie ihm zu Feinden gemacht: so daß der Mensch heute den Tieren ähnlich geworden und in eine solche Ferne von mir geraten ist, daß ihm kaum eine verworrene Erkenntnis seines Urhebers verbleibt: so sehr sind alle seine Erkenntnisse ausgelöscht oder verwirrt worden! Die Sinne, unabhängig von der Vernunft und oft Herren der Vernunft, haben ihn fortgerissen zur Suche nach den Vergnügungen. Alle Geschöpfe peinigen ihn oder versuchen ihn

und herrschen über ihn, indem sie ihn entweder durch ihre Kraft unterwerfen, oder ihn durch ihre Sanftheit bezaubern, – was eine noch schrecklichere und gebieterischere Herrschaft ist.
Das ist die Verfassung, in der die Menschen sich heute befinden. Es bleibt ihnen irgendein ohnmächtiger Instinkt von dem Glück ihrer ersten Natur, und sie sind in das Elend ihrer Verblendung und ihrer Begehrlichkeit getaucht, die ihre zweite Natur geworden ist . . .
Vergebens, o Menschen, sucht ihr in euch selbst das Heilmittel für euer Elend. All eure Einsichten können nur dahin gelangen, zu erkennen, daß ihr in euch selber weder die Wahrheit noch das Heil finden werdet. Die Philosophen haben es euch versprochen, und sie haben es nicht vollbringen können. Sie wissen weder, welches euer wahres Gut, noch welches eure wahre Verfassung ist. Wie hätten sie Heilmittel für eure Leiden geben können, die sie nicht einmal erkannt haben? Eure hauptsächlichsten Krankheiten sind der Stolz, der euch von Gott abzieht, die Begierde, die euch an die Erde bindet; und sie (die Philosophen) haben nichts anderes getan, als zum mindesten die eine dieser Krankheiten zu nähren. Wenn sie euch Gott zum Gegenstand gegeben haben, so geschah

dies nur, um euren Hochmut zu üben: sie haben euch glauben lassen, daß ihr durch eure Natur ihm ähnlich und gleichgeartet seid. Und die, welche die Eitelkeit dieser Anmaßung gesehen haben, haben euch in den anderen Abgrund geworfen, indem sie euch zu verstehen gaben, eure Natur sei der der Tiere gleich, und euch dazu gebracht haben, euer Heil in den Begierden zu suchen, die der Anteil der Tiere sind. Nicht dort liegt das Mittel, euch von euren Ungerechtigkeiten zu heilen, die diese Weisen nicht erkannt haben. Ich allein kann euch begreiflich machen, wer ihr seid . . . (430)

Das Christentum ist seltsam. Es gebietet dem Menschen, anzuerkennen, daß er gemein, ja sogar verabscheuungswürdig ist, und es gebietet ihm, Gott ähnlich sein zu wollen. Ohne ein solches Gegengewicht würde ihn diese Erhebung entsetzlich eitel, oder diese Erniedrigung schrecklich verworfen machen. (537)

Das Elend redet uns Verzweiflung ein, der Stolz redet uns Anmaßung ein. Die Menschwerdung zeigt dem Menschen die Größe seines Elends durch die Größe des Heilmittels, das notwendig war. (526)

Die Erkenntnis Gottes ohne die Erkenntnis seines Elends erzeugt (im Menschen) den Stolz. Die Erkenntnis seines Elends ohne die Erkenntnis Gottes erzeugt die Verzweiflung. Die Erkenntnis Jesu Christi bildet die Mitte, weil wir dort sowohl Gott wie unser Elend finden. (527)

Ohne Jesus Christus muß der Mensch im Laster und im Elend sein; mit Jesus Christus ist der Mensch aus Laster und Elend genommen. In ihm ist all unsere Tugend und all unsere Glückseligkeit. Außer ihm gibt es nur Laster, Elend, Irrtümer, Finsternisse, Tod, Verzweiflung. (546)

Nicht allein erkennen wir Gott nur durch Jesus Christus, sondern wir erkennen auch uns selber nur durch Jesus Christus. Wir erkennen das Leben, den Tod nur durch Jesus Christus. Außer Jesus Christus wissen wir weder was unser Leben, noch was unser Tod, noch was Gott ist, noch was wir selbst sind.
So erkennen wir nichts ohne die Schrift, die nur Jesus Christus zum Gegenstand hat, und sehen nur Dunkelheit und Verwirrung in der Natur Gottes und in der eigenen Natur. (548)

Jesus Christus ist ein Gott, dem man sich ohne Stolz nähert, und dem man sich ohne Verzweiflung beugt. (528)

NACHWORT

Die Fragmente aus den »Pensées« Blaise Pascals, die hier in Auswahl dargeboten werden, sind keine Aphorismen in dem Sinne, wie wir sie bei Novalis, Schopenhauer und Nietzsche kennen: kunstvoll geschliffene Sätze, in denen ein überraschender Gedanke zu seinem wesentlichen Ausdruck gelangt. Es sind Bruchstücke eines Ganzen, das unabgeschlossen blieb: Stichworte, flüchtige Notizen und vorläufige Entwürfe. Ihre Bestimmung war es nicht, als solche an die Öffentlichkeit zu treten; sie sollten im fertigen Werk untergehen. Aber dieses Werk wurde nie vollendet; der es zu schreiben unternommen hatte, starb darüber.
So entbehren die Fragmente der Geschlossenheit und Folgerichtigkeit des Gedankenzuges, die das Buch eines so scharfen und konsequenten Denkers, wie es Pascal war, ohne Zweifel gezeigt hätte, wäre es beendet worden. Die Probleme sind noch im Fluß, die versuchten Lösungen haben noch etwas von der Gewaltsamkeit und zugleich von der tastenden Vorsicht eines Schrittes, der ins Unbetretene dringt. Aber eben um deswillen lassen uns die Fragmente Pascals deutlicher, als es das vollendete Werk vermocht hätte, Tiefe und

Spannung der inneren Auseinandersetzung sehen, in der der Gedanke Pascals zur Reife kommt. Die Aufgabe, die Pascal bewegte, war die, eine »Apologie des Christentums« zu schreiben. Aber er wußte: um die Verteidigung wirksam führen zu können, muß man den Gegner in seinem Angriff ernst nehmen. Und so verteidigt er das Christentum nicht als einer, der niemals über den Horizont der christlichen Wahrheit hinausgeschaut hat, auch nicht mit den überkommenen Argumenten aus der Rüstkammer der theologischen Wissenschaft. Er beginnt vielmehr damit, sich die Einwände des Gegners selber zu eigen zu machen, ja, er deckt allererst deren eigentliche bedrohliche Schärfe auf. Aber nachdem er so um des Ernstes der Auseinandersetzung willen das Christentum in die wesentliche Gefährdung gebracht hat, zeigt er das Überraschende, daß der Angriff, wenn er sich in solcher Tiefe versteht, selber zur Verteidigung wird, und daß er von sich aus die Wahrheit und Notwendigkeit der christlichen Verkündigung erweist, besser und dringlicher, als es die dogmatische Zurückweisung vermocht hätte. Aus den Einwänden der Gegner selbst und aus der Einsicht in die Grenzen, an die sie stoßen, erwächst die Apologie des Christentums.

Zwei Bereiche sind es vorzüglich, in denen im Zeitalter Pascals die christliche Wahrheit bedroht wird: die Erforschung der Natur und das Wissen vom Menschen.

Das Jahrhundert Pascals war ein Höhepunkt naturwissenschaftlichen Forschens und Entdeckens; Männer wie Galilei gaben ihm das Gepräge. Freilich fühlte sich diese naturwissenschaftliche Haltung selber nur selten im Gegensatz zur christlichen Sicht; aber Pascals scharfer Blick sah in ihr doch den Beginn eines Angriffes auf das Christentum. Denn indem der Mensch der Natur mit dem Anspruch gegenübertrat, aus eigener Macht des Verstandes ihre Geheimnisse zu begreifen und ihre Rätsel zu lösen, mußte sich ihm das Bewußtsein der Welt als der Schöpfung Gottes, aus dem das Mittelalter gelebt hatte, immer mehr verdunkeln; das Walten des lebendigen Gottes wandelte sich in wachsendem Maße in das notwendige Funktionieren des Naturgesetzes.

Gegen diese Gefahr wendet sich Pascals Apologie. Er leugnet keineswegs den Wert der Bemühungen um die Erfassung der Natur; er hat ja selber fördernd in ihren Gang eingegriffen. Aber nun gibt er sich daran, die naturwissenschaftliche Haltung zu Ende zu denken. Sie gründet ihr stol-

zes Bewußtsein eigenen Vermögens auf die bisher erreichten Einsichten in das Wesen der Natur. Aber sie darf sich daran nicht genügen lassen. Sie muß den Mut haben, immer weiter in die Geheimnisse der Natur einzudringen; über das sichtbare Universum hinaus muß sie den Blick in die Unendlichkeit der Welträume lenken, im Innern des kleinsten noch sichtbaren Dinges muß sie weiter nach dem unendlich Kleinen suchen.
Wenn aber der Forschende sich auf diesen Weg macht, dann, so meint Pascal, wird er entdecken, daß er weder das eine noch das andere begreifen kann; die unendliche Größe und die unendliche Kleinheit sind »Abgründe«, in deren Anblick das Erkennen des endlichen Menschen vom Schwindel ergriffen wird. Der Mensch vermag nichts, als »einen Schein von der Mitte der Dinge wahrzunehmen, in einer ewigen Verzweiflung, weder ihren Ursprung noch ihr Ende zu erkennen«. Denn alles, was feste Grenze zu sein scheint, »entflieht in einer ewigen Flucht«. Alle entschlossene Forschung nach der Natur endet in »Dunkelheit«, in der Einsicht, daß »das Ende der Dinge und ihr Ursprung unüberwindlich verborgen« sind »in einem undurchdringlichen Geheimnis«. Und so ist die Bemühung um die Natur, wenn sie nur

konsequent genug ist, nicht das Anzeichen der Macht des Menschen, sondern die Offenbarung seiner »Ohnmacht«.
Das aber heißt: die Frage nach der Natur, so wie Pascal sie sieht, ist in ihrem Grunde die Frage nach dem Menschen. Und dies ist kennzeichnend für das ganze Zeitalter. Nie, seit den Tagen der ausgehenden Antike, hatte der Mensch so sehr im Mittelpunkt des Interesses gestanden wie jetzt. Montaigne hatte, ein Jahrhundert vor Pascal, in der skeptischen Betrachtung des vielfältigen Gehabes des Menschen dessen Wesen zu ergründen versucht. Descartes, der ältere Zeitgenosse Pascals, hat, erschüttert von der Einsicht in die Unzulänglichkeit unseres Wissens über die wesentlichen Anliegen, im Menschen und in der Gewißheit, die er von seiner eigenen Existenz hat, der wankenden Philosophie ein neues Fundament zu geben versucht. Und auch im Mittelpunkt der großen Dichtung dieser Zeit stand der Mensch; Corneille gestaltete seine heroische Größe, Racine die Tiefe seiner Leidenschaft, Molière die Weite seiner Menschlichkeit.
Auch hier versteht Pascal seine Zeit tiefer, als diese sich selber begriff; daß der Mensch begann, sich auf sich selber zu stellen und sich zum Mittel-

punkt zu machen, darin sieht er den entscheidenden Angriff auf das Christentum. Aber auch hier begnügt er sich nicht damit, die christliche Sicht einfach zu erneuern und zu verkünden, der Mensch könne und dürfe nicht aus sich selber heraus, sondern müsse wieder, als Glied der Schöpfung Gottes, von diesem Ganzen her begriffen werden. Er stellt sich vielmehr selber in die Forschung nach dem Wesen des Menschen hinein. Und wie er so aus der Sorge um den Bestand der christlichen Deutung sich um die Entdeckung des wahren Menschenbildes leidenschaftlich bemüht, wächst er über Montaigne und die zeitgenössischen Moralisten hinaus und dringt in eine Tiefe ein, in der er sich mit dem großen Deuter des menschlichen Herzens, mit Augustinus, berührt. Und auch hier, so wie in der Erforschung der Natur, ist das Letzte, was die entschlossene Suche nach dem Wesen des Menschen findet, die Einsicht in dessen Unbegreiflichkeit. Wiederum ist es die Unendlichkeit, die den Blick verwirrt, der das Endliche zu begreifen sucht. Eingebettet in das Ganze der Natur, sieht der Mensch sich selber unendlich groß, wenn er sich mit dem unendlich Kleinen vergleicht; und wiederum erscheint er sich als unendlich klein, wenn er sich vor dem Horizont des unendlichen Alls erblickt. So, haltlos »zwischen diesen beiden Abgründen des Unendlichen und des Nichts«, kann der Mensch seinen wahren Stand nicht bestimmen und verfällt dem Schwindel. Er ist »ein Nichts im Hinblick auf das Unendliche, ein Alles im Hinblick auf das Nichts, eine Mitte zwischen Nichts und Allem«.

Aber diese Unbegreiflichkeit des Menschen zeigt sich nicht nur, wenn man ihn in seiner Stellung im Ganzen der Natur betrachtet. Auch sein alltägliches Tun und Treiben gibt davon Kunde. Um dies sichtbar zu machen, redet Pascal von den Verhältnissen, in denen sich der »honnête homme« seiner Zeit gemeinhin umtreibt: von der Hasenjagd, vom Ballspiel, vom Dienst in Ämtern. All diese Beschäftigungen nämlich, so wie Pascal sie sieht, besitzen eine seltsame Doppelbödigkeit. Sie sind nicht nur das, als was sie erscheinen; die Hast und der Eifer, mit denen sie betrieben werden, weisen darauf hin, daß sie aus der fahrigen Sucht nach Zerstreuung und letztlich aus der Angst vor dem Alleinsein erwachsen. Sieht man dieser alltäglichen Betriebsamkeit auf den Grund, so zeigt sich, daß sie aus dem leidenschaftlichen Bemühen des Menschen entspringt, sich selber zu vergessen.

Diese Angst vor dem unverdeckten Anblick seiner selbst tritt in den Augenblicken noch deutlicher hervor, in denen der Mensch sich selber nicht ausweichen kann. Sie offenbaren darum noch eindringlicher die Trostlosigkeit dessen, was sich dem Menschen als sein innerstes Wesen zeigt. Denn in solchen Augenblicken befallen ihn »Langeweile«, »Düsterkeit«, »Traurigkeit«, »Kummer«, »Verdruß«, »Verzweiflung«. Er fühlt dann »sein Nichts, seine Verlassenheit, seine Unzulänglichkeit, seine Abhängigkeit, seine Ohnmacht, seine Leere«. Denn dann ahnt er die tiefe Bedrohung, die über aller menschlichen Existenz schwebt: daß sie unausweichlich dem Tode verfallen ist. »Alles, was ich weiß, ist, daß ich bald sterben muß; aber was ich am wenigsten kenne, das ist dieser Tod selber, dem ich nicht zu entgehen vermag.« Dann wird offenbar, daß das menschliche Leben »das zerbrechlichste Ding der Welt« ist, und daß die verzweifelte Situation des Menschen darin sich ausdrückt, daß er »sorglos in den Abgrund« rennt.

Dies Doppelte, die geheime Ahnung des Todes und die Flucht vor diesem Wissen, wirft den Menschen in die Zweideutigkeit. Er will vor der Vergänglichkeit, die über ihn aus dem Grunde seines

Wesens verhängt ist, die Augen schließen; »er will groß sein, und er sieht sich klein; er will glücklich sein, und er sieht sich elend; er will vollkommen sein, und er sieht sich voller Unvollkommenheiten«.

Mit dieser Einsicht in die grundlegende Zweideutigkeit des menschlichen Wesens bringt Pascal die Frage in ihre eigentliche Tiefe. Der Mensch ist eine rätselvolle Mischung von Größe und Elend. Daß er zum Denken bestimmt ist, macht ihn groß; daß er vor dem Gedanken an sich selber flieht, macht ihn niedrig. Und um dieses Zwiespaltes willen bleibt er sich selber dunkel. Er ist für sich selbst »der wunderbarste Gegenstand der Natur«, ein »Paradox«, ein »unbegreifliches Ungeheuer«. Und so scheitert auch die Bemühung um das Wesen des Menschen, wenn sie entschlossen bis zum Ende geführt wird, zuletzt an dem Unfaßbaren.

Endet also die Betrachtung des Menschen, wie Pascal sie unternimmt, im völligen Skeptizismus? Es scheint so zu sein, denn Pascal wird nicht müde, die Ferne des Menschen zur Wahrheit zu betonen. Der Mensch kennt nur »Haß gegen die Wahrheit«, er ist »nur Verstellung, Lüge und Heuchelei«, nur »Doppelzüngigkeit« und »Widerspruch«. Er ist »voll von Irrtum«, »Verwalter des Wahren, Kloake der Ungewißheit und des Irrtums«. Seine Frage nach sich selber verfängt sich im Dickicht.

Nun aber zeigt Pascal, daß eben das, was zum vollendeten Skeptizismus zu führen droht, auf den Ausweg hinweist. Daß der Mensch sich auf sich selber stellt, ist Angriff gegen das Christentum; daß er aber darin scheitert, ist der Beweis seiner Wahrheit. Die Position der Gegner, wird sie nur radikal zu Ende geführt, wird selber zur Apologie. Denn die christliche Botschaft vermag es, eben diese Unbegreiflichkeit des Menschen, an der sich die Frage nach seinem Wesen stieß, begreiflich zu machen. Sie sieht sie nicht als ursprüngliche Wesensanlage, sondern als geschichtlich geworden; sie begreift sie als »eine seltsame Verkehrung«. Der Mensch »ist sichtlich verirrt und aus seinem wahren Ort gefallen; er sucht ihn überall, in Unruhe und ohne Erfolg, in undurchdringlichen Finsternissen«. Die Botschaft des Christentums an den Menschen im Zwiespalt, so wie Pascal sie sieht, lautet also: es gibt im Ursprung einen wahren Ort des Menschen; wir sind »auf einer Stufe der Vollkommenheit gewesen, von der wir unglückseligerweise gefallen sind«.

Und daraus blieb den Menschen eine verborgene Ahnung, »irgendein ohnmächtiger Instinkt von dem Glück ihrer ersten Natur«; eben um seinetwillen spüren sie so kummervoll das Elend ihres gefallenen Zustandes, das »das Elend eines entthronten Königs« ist. Der Mensch, so wie er jetzt ist, ist herausgefallen aus der Ordnung, der er ursprünglich und eigentlich angehörte. Das ist der Sinn des großartigen Wortes Pascals, »daß der Mensch den Menschen unendlich übersteigt«.

Die Verkündigung des Christentums also löst das rätselvolle Geheimnis des menschlichen Wesens; »wir erkennen ... uns selber«, sagt Pascal, »nur durch Jesus Christus«. Von der Zurechtrückung her, die dem Menschen in der Gnade geschieht, wird ihm die Unbegreiflichkeit seiner natürlichen Existenz durchsichtig. Das Christentum deutet sie ihm durch das Wort von Verlust und Wiedergewinnung des eigentlichen Wesens.

Aber Pascal sieht noch mehr. Diese christliche Botschaft, die das Geheimnis der menschlichen Existenz löst, ist selbst dunkel und voller Rätsel. Der Mensch wird sich selber begreiflich nur durch »dieses allerunbegreiflichste Geheimnis«. So wird die Apologie Pascals über den Bereich der verstandesmäßigen Begründung hinausgetrieben; ihre Gewißheit wurzelt zuletzt nicht in der »raison«, sondern im Herzen. Denn »es ist das Herz, das Gott fühlt, nicht die Vernunft«. Und so vollendet die Apologie des Christentums, wie sie in den Fragmenten der »Pensées« überliefert ist, den Bogen der Einsicht: von der Erforschung der Natur wird sie, scheiternd, zur Suche nach dem Menschen getrieben; dort aber, endend in der Rätselhaftigkeit des menschlichen Wesens, gründet sie sich im Geheimnis des Glaubens, der letztlich nicht mehr eine Sache des forschenden Gedankens, sondern der innigen Hingabe des Herzens ist.

Dieses kühne Unterfangen, die Wahrheit des Christentums aus der radikalen Durchführung dessen zu gewinnen, was ihr zutiefst zu widerstreiten schien, konnte nur einer wagen, der die Möglichkeit des Verlustes der Gewißheit als eigenste Erschütterung erfahren hatte. Er mußte in sich selber die Gefährlichkeit des Weges erlebt haben, den das Zeitalter in der Erforschung der Natur und in der Frage nach dem Menschen einschlug, und er mußte tiefer darum wissen als seine Zeitgenossen. Ein solcher Mensch war Pascal. Seine Begabung und sein Interesse spannten sich aus zwischen Naturbeobachtung, Wissen vom

Menschen und Ahnung der Geheimnisse des Glaubens. Und er hielt diese Spannung nicht nur aus, sondern vertiefte ihre Widersprüchlichkeit, bis sich ihm die Sicht zeigte, von der her das Gegensätzliche begreiflich wurde.

Mit alledem war er einsam in seiner Zeit; aber es ist von je das Schicksal der Unerbittlichen im Geiste gewesen, daß man sie nicht begriff. Er war einsam, weil er die seltene Entschlossenheit besaß, sich selber zu wagen. Wo er von Größe und Elend des Menschen spricht, da geschieht es nicht mit dem skeptischen Lächeln des Philosophen, der die Eitelkeit der Welt durchschaut und doch in ihr mitspielt, auch nicht mit dem düsteren Eifer des Theologen, der daraus den Stoff für eine Bußpredigt gewinnt, sondern in der Bekümmernis eines Menschen, der in sich selber Größe und Elend fand, und der im Zwiespalt beider schier zerbrach. Er kennt die Not des Herzens, dem die Verpflichtung zum Gedanken auferlegt ist. Daß in den »Pensées« die eigene Existenz Pascals in Frage steht, das macht es, daß sie uns heute noch zu erschüttern vermögen.

Der Beginn seines Lebens freilich schien Blaise Pascal auf die Seite menschlicher Größe zu stellen. Er ist am 19. Juni 1623 in Clermont in Mittelfrankreich geboren. Früh schon zeigte er eine erstaunliche mathematische Begabung; so hat er mit 16 Jahren eine Abhandlung über die Kegelschnitte verfaßt, die unter den Gelehrten Beachtung fand, und die noch heute von Bedeutung ist. Und dieses Interesse für die Natur und ihre Gesetze hat ihn sein Leben lang begleitet, auch in die Zeit hinein, in der die religiösen Anliegen ihn gänzlich auszufüllen schienen. Er hat als erster eine brauchbare Rechenmaschine konstruiert, er hat durch weitangelegte Experimente die Theorie des leeren Raumes untersucht. Die Entwicklung der Wahrscheinlichkeitsrechnung förderte er durch eine Untersuchung über die Roulette; noch in seinem letzten Lebensjahr hat er eine Abhandlung über die Theorie der Zykloide, d. h. der Kurve, die ein Nagel beschreibt, der auf der Peripherie eines rollenden Rades sitzt, verfaßt und damit auf Leibniz und dessen Entdeckung der Infinitesimalrechnung eingewirkt.

Mit all dem stand Pascal, klärend, entdeckend und wegweisend, mitten in der zeitgenössischen Wissenschaft darin, einer der ersten mathematischen Geister des Jahrhunderts. Was ihn aber bis heute bedeutsam macht, das sind nicht seine naturwissenschaftlichen Entdeckungen, sondern das ist, daß er mit einer einzigartigen Lebendigkeit die Frage nach dem Menschen und nach seinem Wesen stellte, nicht aus bloßem theoretischem Interesse, sondern als philosophisches Anliegen, das aus der drängenden Notwendigkeit der Orientierung in der Welt geboren ist. Pascal hat sich selber eine Zeitlang in der großen Welt bewegt, als glänzender Gesellschafter, als gefeierter Wissenschaftler, als skeptischer Philosoph. Aber das Treiben der Welt muß ihm, je mehr er es durchschaute, um so vordergründiger erschienen sein; der Niederschlag dieses Abschnittes seiner inneren Auseinandersetzung findet sich in einigen Fragmenten der »Pensées«.

Was ihn entscheidend herausriß, war ein inneres Ereignis. Wir kennen den genauen Zeitpunkt: es ist der 23. November 1654. Pascal selber hat freilich darüber geschwiegen, aber man fand nach seinem Tode einen Zettel, eingenäht in den Saum seines Rockes, der in abgerissenen Worten von diesem verwandelnden Ereignis redet. Diese Aufzeichnung, die man später das »Mèmorial« nannte, ist eine der verehrungswürdigsten Kundschaften des menschlichen Geistes. Sie bezeichnet das Ende des philosophischen Suchens Pascals, denn mit ihr beginnt, wie Romano Guardini in seinem schönen Pascalbuch gezeigt hat (Christliches Bewußtsein. Versuche über Pascal. 1935), eine neue Ebene der Wirklichkeit sich für Pascal zu erschließen. Dies will es besagen, wenn das »Mémorial« anfängt: »Gott Abrahams, Gott Isaaks, Gott Jakobs, nicht der Philosophen und Gelehrten.«

Die unmittelbare Folge dieser inneren Wandlung war es, daß Pascal mit den Männern in engere Beziehung trat, die sich um das Kloster Port-Royal in der Nähe von Paris gesammelt hatten; sie hatten sich eine Erneuerung der Frömmigkeit und der Theologie aus augustinischem Geiste zum Ziel gesetzt. Nach dem Vorkämpfer dieser Wiederbelebung des Augustinismus, Cornelius Jansen, nannte man sie Jansenisten. Pascal hat freilich auch in diesem Verhältnis seine Selbständigkeit gewahrt, und so ist seine Beziehung zu Port-Royal nicht ohne Konflikte geblieben. In den Streit, der zwischen den Jansenisten und dem Jesuitenorden entbrannte, griff Pascal mit seinen »Lettres à un Provincial« ein, in denen man noch heute die glänzendste französische Streitschrift sieht; Klarheit und Entschiedenheit des Geistes Pascals bewiesen sich in ihnen durch Schärfe und vernichtende Satire.

Aber die Wendung nach innen, die Pascal nach Port-Royal getrieben hatte, ließ seine Polemik bald verstummen; die »Lettres« brachen mit dem 18. Brief ab. Er sammelte sich in die Besinnung, und hier reifte der Plan einer Apologie des Christentums, von dem eingangs die Rede war. Nach Pascals Tode haben Freunde die erhaltenen Notizen und Vorarbeiten, freilich mit Auslassungen und Veränderungen, herausgegeben unter dem Titel: »Pensées de M. Pascal sur la religion, et sur quelques autres sujets« (Gedanken des Herrn Pascal über die Religion und über einige andere Gegenstände). Vier Jahre lang hat Pascal sich um die Ausarbeitung der Apologie bemüht, unter heftigen körperlichen Schmerzen, die ihn seit seinem 18. Lebensjahr nicht mehr verlassen hatten. Dann setzt ein großes Verstummen ein. Über seine Gründe wissen wir nichts; auch davon hat Pascal geschwiegen. Man kann nur ahnen, daß nun die Begegnung mit dem Gott des Christentums stattfand, die nicht mehr nur aus der philosophischen Betrachtung zur religiösen Verkündigung, sondern auch noch aus dem gläubigen Wort zum sprachlosen Sein in der Gegenwart Gottes führte. In diesen Monaten lebte Pascal der Meditation, dem Gebet und der Mildtätigkeit. Seine Schwester, Äbtissin von Port-Royal, schreibt über diese Zeit: »Ich sah ihn allmählich in einer Weise wachsen, daß ich ihn nicht mehr kannte.«

Am 19. August 1662 ist Pascal gestorben, mit 39 Jahren. Seine Grabstätte liegt in der kleinen Kirche St.-Etienne-du-Mont, auf dem Hügel der Heiligen Genoveva zu Paris. Den genauen Ort, an dem er beigesetzt ist, kennt man nicht mehr. Es gibt lediglich eine schlichte Steintafel, von Verwandten gestiftet, und an einem der Pfeiler der Vierung den Hinweis: »Près de ce pilier repose Blaise Pascal« (nahe bei diesem Pfeiler ruht Blaise Pascal). Einem, der vor diesem Pfeiler steht, mag es seltsam vorkommen, daß man hier nur das »près«, das »nahe bei«, kennt. Aber vielleicht sieht er auch hier einen verborgenen Sinn, weil sich darin auf eine zufällige und doch bedeutsame Weise ausdrückt, wie weit dieser Mensch das Zeitliche und Bestimmte hinter sich gelassen hat. Denn er ist eingegangen in das Ungreifbare, der das Unendliche mathematisch zu fassen bemüht war, der an der Endlichkeit philosophisch zerbrach und der schließlich dem unendlichen Gott gläubig sich hingab.

W. W.

Anmerkungen

1 Das Wort »condition« bedeutet bei Pascal zugleich Beschaffenheit, Zustand, Lage, Lebenslage, Stand (und zwar gesellschaftlichen und geschöpflichen) und Seinsverfassung.

2 Die »erste Natur« ist die Natur des Menschen vor dem Sündenfall.

3 D. h.: man kann mit seiner Liebe nie das Ich als solches, das Innerste der menschlichen Person, erreichen.

4 O lächerlichster Held!

5 »Natürlich« heißt hier so viel wie: in der Natur des Menschen verwurzelt.

6 »Etat«, das hier mit »Stand im Dasein« übersetzt wird, bedeutet in diesem Zusammenhang das Sein des Menschen innerhalb des Ganzen der Schöpfungsordnung.

7 Es handelt sich um die ersten Prinzipien des Seins und Erkennens wie Raum, Zeit, Bewegung, Zahlen.

8 Das Weiterfließen der Sünde aus der Quelle der Ursünde.

9 Gedenken an einen, der nur einen Tag lang Gast war und vorüberging.

10 »Charité« ist im Gegensatz zu der natürlichen Liebe (»amour«) die Gottes- und Nächstenliebe.

11 »Le coeur a ses raisons, que la raison ne connaît point.« Der Tiefsinn der Doppelbedeutung von »raison« als Vernunft und Grund läßt sich in der Übersetzung nur unzureichend wiedergeben.

Insel taschenbücher
Alphabetisches Verzeichnis